【邢益旺富裕人生系列】

# 千萬教練
# 團隊攻略
## ——打造千萬團隊的 30 個密技

邢益旺　著

U0029770

[目錄]

推薦序 千萬年薪創造千萬團隊
　　　——遠雄人壽壽險行銷體系副總經理張習正　　004

自序　團隊共好，才是真正的好
　　　——獻給所有願意更上一層樓的團隊領導人　　006

第1章　團隊攻略之建立團隊篇
　　　——關於團隊建立，你必須知道的10個關鍵　　018

　　提升自己境界，挑戰組建團隊　　020
　　LESSON 01／複製才可以把事業做大　　022
　　LESSON 02／建立團隊願景　　033
　　LESSON 03／團隊核心價值與團隊文化　　039
　　LESSON 04／讓系統順利運作的5大成功關鍵　　045
　　LESSON 05／讓業績逐步成長的5大作業標準　　052
　　LESSON 06／功能小組分工與輪替　　060
　　LESSON 07／團隊核心會議　　066
　　LESSON 08／勇敢減資裁員、去蕪存菁　　073
　　LESSON 09／進才、育才、用才計畫　　079
　　LESSON 10／營造一個讓人樂於參與的團隊　　087

第2章　團隊攻略之人才培訓篇
　　　——關於人才培訓，你必須規劃的10個重點　　094

　　從選才到育才，打造優秀團隊　　096
　　LESSON 11／建立正規軍　　098
　　LESSON 12／鐵三角系統　　105
　　LESSON 13／培訓必須定點定時定量　　115
　　LESSON 14／培訓從面談就開始　　122

LESSON 15／新人培訓專屬:新人列車　128

LESSON 16／專業行銷課程:M1及M2課程　135

LESSON 17／專業領導課程:L1及L2課程　141

LESSON 18／建立行政小組　149

LESSON 19／陪同見習　155

LESSON 20／特戰班:M3課程　161

## 第3章　團隊攻略之領導格局篇
### ——成為優秀領導人,你必須熟悉的10大準則　166

培訓好的領導人　168

LESSON 21／以身作則,做好模範　170

LESSON 22／鍋蓋法則及水桶理論　179

LESSON 23／領導人的捨得法則　186

LESSON 24／領導人的公開法則　192

LESSON 25／領導人該如何御人　198

LESSON 26／因材施教與任務分配　208

LESSON 27／正確溝通,三明治法則　217

LESSON 28／領導魅力與吸引力法則　224

LESSON 29／以賞代罰,不斷激勵　232

LESSON 30／授權與當責　241

## 附錄:我們的房地產資產稅務團隊
### ——優秀夥伴分享　249

分享1／詹玉萍——你的能力超乎你的想像　253

分享2／林俊良——用團隊及系統化,達年收入200萬　258

分享3／吳仟億——做我喜歡的事業,掌握幸福人生　263

分享4／李冠慧——人生不設限,相信自己,你也可以　267

# 千萬年薪創造千萬團隊

「只要不落隊，就會有機會」，這是對阿旺教練團隊最深的印象，也是他們團隊的中心思想。每一位夥伴都相信自己、相信團隊，深信著只要跟對領導者，跟著團隊的腳步，人人都有機會，人人都能為自己創造成就。

但是，要建立一個與眾不同的超級團隊，除了領導者本身的能力與特質外，還需要有更多創新、改變與開創新局的思維以及強大的執行力。這本書的重點就在於分享優秀的領導者如何去建立屬於自己的事業團隊，培育人才、領導組織，更重要的是為團隊建立中心文化，強化團隊凝聚力，同時推廣理念，讓更多志同道合的新夥伴加入團隊、壯大團隊，並且帶領團隊邁向每個人的成功！

單打獨鬥的世代過去了。現在，在保險事業發展所需要的是——擁有團隊及共好，利用團隊創造契機。因此，阿旺教練用簡單明瞭的三大攻略，集結30個密技，打造千萬團隊的九陽神功，就是為了讓有意願想做組織、想建立團隊的未來領導者可以利用阿旺教練的實戰

經驗，以及「1＋1大於2」的創新思維，自己創造成功。

在上一本書，我期許阿旺教練打造自己的千萬團隊。今天，他做到了！並以最快的速度讓自己在遠雄人壽成功！

從一個人到遠雄打拼，找尋夢想。到現在，他已經擁有自己的團隊，為自己打下一片江山。他的團隊成功案例將不斷的被複製、系統化，同時借用公司的資源及平台，讓自己不再只是千萬業務，也能在未來締造遠雄人壽的冠軍團隊。

所謂「單絲不成線、獨木不成林」，做大、做成功不是只靠自己，要靠團隊力量及共好，這本書推薦給每一位想要邁向成功的領導者，一起創造屬於自己的不平凡。

**遠雄人壽**
壽險行銷體系副總經理
# 張習正

# 團隊共好，才是真正的好
## ——獻給所有願意更上一層樓的團隊領導人

大家好，我是千萬教練邢益旺。

在遠雄人壽連續三年奪得全國第一名後，我一直在思考如何把我成功建構團隊、培育人才，以及領導統御的攻略，利用文字來分享給大家，幫助更多想發展組織、建立團隊的有緣人。

本書是繼2020年推出商業暢銷書《從零到千萬業務的18個成功祕笈》後，更進階的業務祕笈分享。系列第一本書已被列為業務人經典參考寶典，重心放在每個業務人的「基本功」養成，專注在指引業務菜鳥如何從基礎開始提升到專業之路。那麼系列第二本書追求是怎樣的學習重心呢？

所謂「一山還有一山高」，但人生沒有真正的高峰，只有不斷追尋下一個更好境界。身為業務人的我們，「下一山」在哪裡呢？答案不單單是比上個月更好的業績，或者創造比去年更多的客戶，而是你應該跳脫傳統思維，創造新的想法——造就「更多像我一樣業績頂

尖的人」。因為，唯有導入團隊的概念，才能讓業績快速提升，並轉型到另一個截然不同的層次。

業務基本功的下一步，不會只是更艱深的業務銷售技能，而是學習如何**讓自己不只是冠軍，更是締造出冠軍團隊的人。**

因此本書的重心，就是建立團隊、人才培訓以及組織領導。

## 🏠業務管理人的基本功🏠

業務的型態以及銷售商品類型有各式各樣，可能銷售一台工業用光譜探測儀，跟銷售一套保健食品，以及銷售自製手工餅乾，雖然都是業務銷售，但採取的方式及訣竅不完全相同。可是只要是業務銷售，有些道理一定是共通的。舉例說明，除了「商品本身性質」明顯不同外，其他包括如何找到正確市場、了解客戶需求、以及如何與客戶互動，如何打造長遠關係等等，背後的觀念依然是通用的；也就是說，**如果一個人可以把甲商品銷售做到頂尖，那麼，即便他後來轉換跑道改賣性質完全不同的乙商品，他也一樣會做出好成績。**

以上談的就是「業務學」，在進入下一個階段的領導管理學前，如何打好本身業務基本功，是必備的功

課。畢竟，業務領域不同於其他生產製造或生活專業領域；一個棒球教練不一定比球員會打球，但他可以指導球隊比賽方針；一個工廠廠長也不一定比旗下的工人技術更純熟，但他可以掌控整個廠務的營運獲利。可是，當我們談到業務銷售時，「指導團隊方針」以及「掌握整個團隊運作」，身為領導管理者的你都必須能夠做到，除此之外，你也依然被要求必須是位業務高手，因為業務市場是很競爭的，**身為領導人（Leader）如果自己本領不夠強，不能以身作則，那如何號召整個團隊全力打拚呢？**

因此，本書主要談的是領導人必須知道的三大領域：建立團隊、人才培訓以及善用組織心理學的領導技能。

## 🏠讓自己不只當英雄，也要當塑造英雄的人🏠

在正式進入本書前，先來談談為何業務人應該要升級成為領導管理人？

在現實生活中，你我都知道，人是有極限的。首先每個人一天都只有24小時，就算每天不睡覺把每一分鐘都用在跑業務，也總有個極限。所謂極限，那就是「再怎麼努力賺錢，也頂多只能賺到那麼多」。再者，人一

定有自己的個性及特質，不太可能同時兼具威嚴老成以及親切親民形象，也不可能今天是老虎型人格，明天變成無尾熊型人格。既然人有侷限，無法面面俱到，也就代表著業務拓展上一定有某種缺口。

好在，有兩種重要關鍵模式可以讓人們跳脫這樣的侷限，讓自己的收入以及成就可以攀登新的高峰。這兩種關鍵模式，一個是靠組織賺錢，一個是靠系統賺錢。不論何者，總歸一句話，就是你要以「團隊」來運作事業。

無論是台灣首富郭台銘先生，或是帶領台灣半導體走出國際的張忠謀先生，以及被視為台灣經營之神的王永慶先生等，他們是如何致富？如何成為企業家典範？他們的成功不在於個人的技藝多精湛，或者如何辛勤工作，而是他們都有一個系統或一個組織為他們做事。試想，當郭台銘假日在家裡含飴弄孫時，同時間全球有超過100萬人繼續為他效勞，每個人付出的時間都跟郭台銘有關，每個人賺的錢也都跟郭台銘有聯結。

但無論是業務團隊或是企業經營，基本道理是一樣的。在本書，我們鼓勵每一個人要追求自己更高的境界，今天你可能是整個企業裡連續三年的業務銷售冠軍，這樣很好，但有沒有想過？若只想做個孤狼，就算

業績頂尖,一個人對整家企業年度營業額的貢獻可能就只是個零頭。如果你願意將自己的專業以及業務心法用心傳承下去,並形塑成一個團隊,那可以帶來的影響力有多大呢?答案是無限量的大。

　　也許初期你的團隊只有10人,就算這樣也有十倍影響力,而當團隊成長到百人呢?再到千人,那影響力有多大?相信每個業務人一直持續努力上進,一方面要追求的是個人的高收入,一方面也要打造自身社會地位,以及可以光宗耀祖的成就感,那麼,就要努力先擁有專屬自己的團隊,並且這團隊要能充分代表你的精神,畢竟***團隊不只是一群人的組合,更必須是一群「有共同理念者」的組合。***其實,一個業務好手,如何變成好的業務領導人?關鍵往往不在「技術面」,而在「心態面」。有些人就是覺得自己當個業務英雄很好很榮耀,若還要花時間去教導別人,不是很浪費時間嗎?何況,為何要栽培別人來跟自己搶市場?

　　這當然是錯誤的心態,基本上就是格局太狹隘了。的確,一個長年孤軍奮戰的業務高手要轉型成為團隊領導人,不一定那麼容易。然而阿旺教練相信,只要可以導入正確觀念,並且有按部就班的參考指南,那麼每個業務好手也一定可以成為領導高手。

## 🏠團隊心經:永遠比大家所期望的還要多一點🏠

　　做一個好的領導人,不只自己要成為標竿典範,也要帶領團隊願意跟上的人,大家都能一起成長。阿旺教練不是理論派,而是確確實實照顧團隊成長的務實派。具體的成果,阿旺教練本身由一個衝鋒陷陣的業務戰將,於2019年底開始擔任管理職,由主任晉升經理,短短三年時間,已經打造出一個業績輝煌的團隊,並在2021、2022年全國競賽中交出很優異的成績,團隊成員裡有很高的比率入選年度績優榜單,我們也如同一開始就定位清楚的成為全台灣最大的房地產資產稅務團隊!

　　阿旺教練是怎麼帶領團隊的呢?我們的標準永遠比總公司要求的還要更嚴一點,團隊制度及培訓也更堅實及落實。但同時間我們不會一味地工作導向,事實上團隊非常強調家庭價值,因為阿旺教練不斷呼籲:__「當事業與家庭牴觸,家庭優先;當事業和個人相牴觸,事業優先」__,我們追求的是最佳的平衡,賺到財富也照顧好家庭和團隊成員,秉持工作熱情付出,娛樂休閒也都充分享受。

　　因為家人永遠是每個人往前衝的動力,阿旺教練團隊照顧每個夥伴,除了希望夥伴們收入提升帶給家人更

好的生活，也以實際行動，讓家人加入我們的活動。例如前面提到的小高峰競賽達標，不但自己可以有旅遊獎勵，也有機會帶家人同遊。也真的許多同仁心中想像著可以帶著爸媽出遊的榮耀，於是讓自己多付出一點，多努力打幾個電話，然後就真的達標了。

提起家人，這裡也要分享阿旺教練團隊的春節開工是如何跟其他業務團隊不同。

每年春節開工，大部分團隊都有開工發紅包的儀式，感恩員工過往一年的努力，期許今年大家更上一層樓。但很少聽聞發紅包，不只發給員工，也發給到場的親友。而阿旺教練團隊非常鼓勵春節開工那天，夥伴們可以帶自己的爸爸、媽媽、配偶及小孩出席，甚至爺爺、奶奶都帶來。只要親人出席的，阿旺教練一律親自發紅包。

這是阿旺教練團隊的特色，當然只發給直系親屬跟家人，而不是所有親友都適用。重點在於強調家庭價值，透過一年一次的重要儀式，讓家人知道自己孩子或伴侶的工作使命，以及跟隨哪個領導人和工作環境。

每次發完紅包，開工拜拜後會有30分鐘的談話，夥伴會帶著家人一起聽阿旺教練的精神演說，這時候阿旺教練會談團隊的願景，談為何要做這樣的規劃？以及未

來的期許？將達到怎樣的境界？……等等。

　　也讓爸媽知道自己孩子的職場定位，知道他為何要做資產保險這分事業。這精神講話既講給家人聽，也讓員工收心。最重要目的是讓家人了解這事業價值，畢竟若自己孩子在家裡講，可能彼此太熟了，感受不到那種願景熱度，但現在是公司裡的高階主管講，爸媽就真的可以理解孩子處在這麼好的團隊，就可以真正安心。

## 領導需要高度及深度，還有聚焦

　　或許很多領導人也會提到領導人特質，以及如何關心員工及其的家人等話題，但「會說」跟「會做」是兩回事。

　　阿旺教練團隊提出的團隊領導，每個信念以及觀念都要能帶來真正的正向改變的結果。在本書中，雖然分別從團隊、培訓及領導做主題切入，但總體來看，整個團隊領導概念是一體的，包括領導人自身的格局、如何培育人才、加強團隊的戰力，並且這些人才後來也都會變成領導人，繼續拓展整個團隊，一環扣一環，形成正面循環。*關鍵往往就在領導人的態度，以及做人做事的格局。*

### ●重點培訓，但只限核心夥伴

社會上有各式各樣的領導人：有愛民如子的、有與民共患難的，但以業務團隊來說，阿旺教練這裡要強調的是，領導必須聚焦。業務團隊是不講「一個都不放棄」、「嘉惠眾生」這類的，因為業務團隊是戰鬥團隊，是十分講求社會競爭裡的優勝劣敗，因此站在資源有限的前提下，領導人必須有所選擇，抓準「20／80法則」，要將最多資源放在20%有心想做事的人身上。這20%就是所謂的核心夥伴，以核心夥伴為中心再逐步擴大範圍到願意一起打拚的共同夥伴，以阿旺教練團隊來說，就是特戰班成員。

就以中秋送禮為例，阿旺教練很重視跟夥伴間的情誼，跟夥伴們相處就像個大家庭般，因此中秋節都會送大大的禮盒，並非只送給核心團隊，而是擴大到特戰班，但不是全體團隊一體適用。

這個觀念在本書也會經常提起，特別是在培訓的章節。所謂培訓一定是聚焦在「值得培訓」的人，這不完全是以業績做評比，主要是以「態度」做評比——心態正確願意跟隨團隊奮鬥的人，也許本身業務資質沒那麼好，學習比較慢，但沒關係，只要有心，阿旺教練都願意不吝一次又一次的教導。

而且阿旺教練團隊還有舉辦各種進階領導力的訓練，以及高階的業務實戰攻略，都會依不同人才的能力來安排，但也只限核心夥伴才有資格參與。具體的培訓方式，在本書也會專章介紹。

重點是，領導人帶領團隊要有效率，真正的公平不是一視同仁的公平，而是讓願意學且有資質的成員更早進入狀況，如此，這些人才能被培訓成領導幹部，協助團隊其他成員快速成長。

●成為有高度的領導人

身為領導人，本身的高度一定要夠，這裡指的不是身高，而是做人做事的態度及心胸要能達到令人仰望的高度。

阿旺教練覺得各行各業都一樣，職位不是等人賦予的，職位價值是自己創造的。一個人德不配位，就算掛著什麼總經理、董事長的頭銜，也難以獲得別人的尊敬。特別是業務團隊，領導人必須要讓所有夥伴心服口服，本身的態度及心胸要足夠才能領導別人。就好像只有鑽石才能切割鑽石，如果領導人本身只是個石頭，那麼就算團隊裡有鑽石，也無法跟他激出火花，也就無能帶領他前進。

當然領導人不必然是那個功力最高強的，畢竟領導

不是比武擂台，不一定要業績冠軍才能當領導人，相反的，一個人若是業績冠軍，但他的領導高度不夠；依然無法適任領導人。

真正領導人必須要能成為「凝聚團隊」的那個人，阿旺教練深信，一個人能力再怎麼強也非常有限，一個人絕對打不過一群人。因為一個人的能力再強，他也只有24小時，就算每天不吃不睡，能夠做到的也有限；但一群人就算每個人只貢獻2小時，20個人就有40小時，怎樣都是比一個人厲害。這也是包含郭台銘、張忠謀等成功企業家致勝的關鍵，當然也不單單靠團隊人多，還必須建立團隊文化以及建立正確複製，這些在本書後續都會談到。

這裡所講述的邏輯是先建立基本的領導心法概念，然後逐一從建立團隊、培育人才，再談到如何當好一個領導人。

想要讓人生提高到更好的境界嗎？翻開這一頁，讓我們學習從單兵作戰到領導團隊成功的要訣。

# 第1章|建立團隊篇

## 關於團隊建立，
## 你必須知道的**10**個關鍵

# 提升自己境界，
# 挑戰組建團隊

　　談到團隊攻略時，有三個基本要項：建立團隊、培訓人才以及組織領導。而其中最基本而且也必須最先討論的項目就是建立團隊。

　　為什麼建立團隊這件事要列為第一優先呢？因為這正是一個人由單兵菁英轉化為團隊領導的重要關鍵。在職場上經常看到情況是，有人在個別作戰時成績卓越，就好比打籃球，有人投籃準度很高、有人運球很流暢，或者有人不論運球上籃或三分線投籃都做到很熟練，但一個人可成氣候嗎？如果他不懂傳球，沒能跟團隊建立默契，只喜歡單槍匹馬硬幹，到頭來就算是個人才，教練也無法收容他。結果他空有一身武功，也頂多只能跟人在社區球場玩一對一鬥牛。

　　在業務領域裡也有這樣的高手，他們只愛做業務，不喜歡參與管理及領導。這並沒有一定的對錯，完全視個人的生涯抉擇而定。但如果可能的話，何不突破自己的框框，挑戰自己更大的潛能，幫自己也幫更多人一起提升能力呢？

　　特別獻給業務菁英們，勇敢跳出舒適圈，組建一個團隊吧！

# 複製才可以
# 把事業做大

　　有個莊園主人準備長途出差去海外，預計一年後回來。出國前，他分別交給三個兒子每人一塊金幣，並指示他們必須善用這塊金幣，待他回國後再來看成果。

　　一年後莊園主人回國，分別檢視三個兒子金幣應用

狀況。

長子說：「爸爸，我很珍惜你給的金幣，把它用絲絨寶盒存放得好好的，現在完璧歸還給您。」

莊園主人拿回金幣，輕輕搖頭嘆息。

次子說：「我把金幣以市場可以接受的利率，借貸給一個有周轉需求的農場主人，還款時間上周剛好到期，我順利拿回金幣以及相當數量的銀幣作為利息。」

莊園主人臉上有了笑意，但只是淺淺一笑。

最後輪到三子，莊園主人問他金幣呢？三子說：「金幣不在這裡。」那在哪裡呢？於是他帶著莊園主人以及兩個哥哥走到村外，那裡三子用金幣當本金，開了一個作坊，每天生產鄰近村里所要的工具，每月都賺回不只一枚金幣，再把金幣投資擴大作坊，如今已是方圓幾里內最大的作坊。

這回莊園主人終於開懷大笑了。

## 🏠建構團隊，建構一個複製系統🏠

這個故事，其實沒有牽涉到太多的技術面，重點就是一個觀念轉換，觀念對了，結果差天差地。長子是比較偏向保守上班族觀念，三子則是典型的企業家觀念。

***成功的關鍵就在於複製：一個金幣用來打造出一個系***

***統，一個系統就可以不斷複製獲利的產品。***

所以，今天談建立團隊，首先就要來談「複製」。

什麼是文明突飛猛進發展的關鍵？答案其實就是「複製」。不論是從石器時代進步到農業時代（複製耕作方法），或者農業時代進入工業時代（蒸汽機發明啟動了機器，而機器的運作就是不斷複製），到現在的網路大數據時代（影片及廣告可以無遠弗屆不斷被複製）。可以說懂得複製的人就是站在致富尖端的人。

現代人普遍都知道複製的好處，畢竟每天放眼望去四處都是複製的範例，最典型的就是麥當勞、7-11，這是企業複製的成功範例，再來像是在教育體系裡，名校及名教授年復一年地複製出優質畢業生。

任何的企業營運一定包含團隊的運作。有的團隊運作完善，帶動企業年復一年獲利。有的團隊卻似乎永遠留不住人，每年光是人事問題，就讓老闆感到焦頭爛額。探究背後原因，團隊雖是一個綜合戰力，但終究團隊來自於一個一個的單一「個人」。

因此團體中經常出現「人才留不住」的原因如下：

***第一、缺少晉升體系：***一個優秀的人，如果在系統內看不到願景，是可能掛冠求去的。根據人力銀行的專訪統計，人們離職時最常提出的理由是「生涯轉換」，

就是說「當這裡再怎樣也看不到出路」，當事人只好被迫轉換跑道。

　　**第二、缺少培訓體系**：個別成員在單兵作業時，表現優異。可是一旦進階為主管，反倒能力無法發揮，既不會帶人，甚至最終連自己的成績都退步。

## 🏠「師徒制」與「組織系統制」的差異🏠

　　不論晉升或培訓，背後都應該有一套安全穩固而且可留住夥伴的心，又可以帶來夥伴成長質變的系統。這些是團隊優良戰力得以代代傳承，背後最重要的機制。具體來說，建構團隊的成敗與否，在於是否真的發揮「複製」的功能。

　　*有兩種常見的複製模式：一種叫做「師徒制」，一種叫做「組織系統制」。*

　　先來說「師徒制」。顧名思義，師徒制就是做師父（也就是領導人）的人手把手帶領徒弟成長的意思，這在個別培訓時很重要。但如果整個團隊都只依賴師徒制，就會造成團隊發展瓶頸。

　　可以想像影印機的概念，今天拿一張原稿去影印，印出來的一定無法100％跟原稿一般，色彩肯定會黯淡一些，如果再把這張複印出來的稿子拿去複印，下一次

印出來的稿子又會更暗也更模糊。如此重複印了幾輪後，最後複印成品已經跟原稿品質差距很大。

師徒制也是如此，師父把成功祕訣傳給徒弟，效果可能只達到95％，並且一次只能傳給一個人，若教太多人時間會不夠用。而徒弟再往下傳，又再度「失真」，最終來看，一來效率太慢，二來效益也很差。所以如果是以師徒制為核心的團隊，並不會是好的團隊模式。其結果往往是：可能留住幾個明星徒弟，但其他的人紛紛求去，特別是那些原本個性跟師父較不合的，更是早早就離開團隊。最終讓這團隊永遠難以壯大。

阿旺教練團隊則是建構一個完整的系統，讓成員可以在這個系統有規律地運作。假定有一個成員今天要陪家人去海外度假十天，阿旺教練團隊也依然可以運作順暢，因為背後已經建立一個組織系統。如此一來，團隊的資深成員和新進成員，不論領導人是否在場，都依然可以照著系統複製成功模式，順利傳承。

一個成功的複製系統，猴子進來變成孫悟空，豬肉進來變成香腸，好的人才進來就會變成一個人物。

## 優良複製來自優良系統

好的複製，有三個元素：優秀的原件、優秀的工具

以及優秀的系統。

### ●優秀的原件

以業務銷售來比喻,優秀的原件指的當然就是領導人,如果你本身帶領一個團隊,那自身一定要夠優秀,如果領導人自己本事不夠,複製的成果也就有限。

### ●優秀的工具

這有賴大環境來配合,以遠雄企業為例,這裡有好的商品、優雅的辦公及會議環境,此外背後還有完善的支援系統,時時可以邀請好的師資為團隊成員做培訓,這些都讓我們的組織體系複製得更落實。

### ●優秀的系統

即便領導人本身很優秀,也處在一個資源豐厚的環境下,但若是沒有用心去組建一個系統,結果還是可能事倍功半。

其實任何企業都可以看到這種情形:可能公司給的資源都一樣,可是有的團隊總是成績優異,被稱為「冠軍團隊」;有的團隊裡面人員來來去去缺乏向心力,組織鬆散,永遠不成氣候。關鍵就在於領導人是否懂得把複製這件事「系統化」。

就以阿旺教練自身做例子,簡單定義所謂的「系統化」:

❶今天就算阿旺教練不在，系統依然可以運作。

❷一個完全如白紙般的新人，只要一進入我們的系統，就自然而然可以按部就班成長。

❸昨天、今天、明天，標準如一，任何一天參與這個系統的同仁，只要依規定認真做事，系統保證可以帶給他成長。

## ⌂業務人一定要加入團隊⌂

個人戰力跟組織戰力孰輕孰重？關鍵在於短、中、長期的效益。

***只要記住一個原則：一個人走得快，一群人走得久。***

大部分的產業及事業都要求走得久，因此建立團隊是必要的。少部分情況，例如畫家個人創作、歌手譜寫新曲等等，初始他們的確是單兵作業，但後期要做到藝術品銷售或是歌曲演唱宣傳等，最終還是要走入團隊。

一個成功者，要嘛加入一個團隊，跟其他團隊成員產生「1＋1＞2」的效應；不然就是自己創立一個團隊，讓好的理念推展更迅速。

如果不建立團隊，也不參與團隊，一個人能力再強，最終的格局也肯定有限。

以業務性質工作來說，不參與團隊或無法結合團隊

發揮實力的原因通常如下：

### ●失敗原因1：處在一個沒有制度的團隊

許多的業務單位，組織採取自生自滅的做法，表面上有個團隊，實際上，這其實只是一群「個人」的集結。不論你實力多強，處在這樣的團隊注定沒有未來，建議不要加入沒有未來的業務團隊。

### ●失敗原因２：無法拋棄過往的習慣

許多業務人發展上會有個瓶頸，那個瓶頸不是別的，正是自己過往的「成功」。這樣的人可能個人的業績還不錯，賺的錢夠多，覺得自己是個人才，不想要被別人管。他們一方面總覺得「我自己一個人就做得很好，何必被組織束縛」，二方面長期封閉的心態，把別人都當成敵人，不願意讓別人「搶了自己的業績」。

然而，一個人能力再強，終有時間上的限制──一天只有24小時，且身體再怎麼操也有極限。如果不趁年輕時，透過團隊來轉型，等到年老力衰再後悔就來不及了。

### ●失敗原因３：太愛自由，缺少自律

其實許多人美其名說自己熱愛自由，不喜歡被團隊約束，實際情況卻是自己無法正視自身怠惰的那一面。相對於自由的對立面就是紀律，而他不願意接受紀律。

但人生在世總要與他人相處，包含業務銷售也總是得面對客戶，如果什麼事都只願照自己的心情，什麼事都不願意委曲求全，終究靠一己之力能賺的有限，並且可能因為大環境改變，一夕間原本資源喪盡，欲哭無淚。

不可否認：團隊的誕生必會帶來個人的犧牲：，那該怎麼做呢？

❶*調整自己的作息，配合團隊的作息：*就連億萬富翁在他自己創立的公司，也必須遵守公司的規範。

❷*犧牲自己部分的選擇，配合團隊的選擇：*團隊通常採取意見多數決，若團隊意見和你意見相左，你必須配合團隊。

認清團隊的重要性，同時也要認清自己的侷限性。加入好的團隊才是業務人能夠拓展的契機。

## 🏠團隊建立的思維🏠

每個人要成就更高事業一定要加入團隊，打造一個複製系統。可能一開始，你能力有限，只能加入某個團隊，但後來當你成就更高時，最好也要跳出來組建自己的團隊。

組建團隊的幾個重要思維：

### ●思維1：建立團隊前，自己一定要先融入團隊

也就是要先學習被領導，才能領導別人。阿旺教練觀察到很多人只想領導別人、指使別人、教育別人，但往往自己都不配合團隊。例如有時候主管講的話，也許你覺得好像不對，你可以找機會善意提供建言，但如果建議後主管依然有他的做法，你還是要學習去配合團隊。為什麼？因為將來你自己有團隊，你帶的人也許也不見得認同你講的方式，如果你今天自己無法學習配合團隊，那就很難要求你底下的人去配合你。畢竟，大家思考的角度不一樣，主管懂你的立場，但在他的團隊你要充分配合，將來你組建自己團隊時再來按照自己方式試試。

### ●思維2：充分感受團隊資源的優勢

一個好的團隊也是資源最多的團隊，因為團隊有來自各行各業的人，每個人資源不一樣，在把整個團隊帶起來的過程中，自然可以選用的資源跟人才就比較多，對於整個團隊都很有幫助。因為這些關係，你的價值含金量也會比較高。

### ●思維3：願意修、修願意

建立團隊的一個重要修練，就是要「願意修、修願意」。

**_願意修，就是改變你的做法：_**保持「我願意修正、願

意被人改變」。

***修願意，就是改變你的心態：***原本可能你比較抗拒人家下指令給你，現在要開始學習：「我願意試試看」、「我願意來配合」。

就是說建立團隊者，自己必須學習先融入，學習被領導，並且願意多做多學、願意接納「吃虧其實就是占便宜」，也願意以身作則，願意做一個當責的人。

在阿旺教練團隊培養講師時，也是有的夥伴一開始就說：「我不要」、「我不行」、「我還沒準備好」……等等。試著去讓自己學習當責吧！把責任承擔起來，過程中你就會學習成長，承擔久了，無形中你會有影響力，形塑自己擔任團隊領導人的風範，還有做事情的格局。

# LESSON 02
# 建立團隊願景

什麼是有效率的團隊？可依字面上拆開來看。

「團」，就是一群專業的人，外面加上一個框框，也就是規範。

「隊」，左邊的耳部就是一個旗子，領導人訂立明確

的目標，帶領大家。右邊的上面兩撇，就代表20％，領導學有個「20／80法則」，20％的人做了80％的業績，就是說領導必須聚焦在20％的人，藉由這20％的人，再來帶動其他80％的人。共同在領導人的大旗指揮下，齊心前進。

## 🏠團隊願景的建立原則🏠

有團隊才能把事情做大，全世界能夠根基穩固的有錢人都擁有組織，就連黑道也一定有組織，才能形成勢力。如果沒有組織，只是個別的「英雄結盟」，那是不會被看重的，也無法形成綜合戰力。

### ●願景的組成要素

但不是一群人在一起，聽從一個領導人命令，或穿同樣的制服，就是好的團隊、好的組織。

好的團隊必須有個把力量「框住」的東西，也就是「規範」，也必須要有個好的領導，帶領大家往同一個方向前進。那個方向是什麼呢？就是團隊的願景。

以阿旺教練團隊來說，雖然團隊成員的共同目標是人人都想賺大錢，但賺大錢不是最主要的團隊願景；應該說，只要能達成團隊願景，那麼大家就可以賺大錢。所以賺大錢不是主要目標，而是自然而然會形成的「結

果」。

這個願景分成兩個部分：

❶*總體願景。*

❷*搭配願景的口號。*

舉例來說，阿旺教練團隊的願景：協助每個夥伴改善家裡的生活品質。

搭配願景的口號：上班半天月入十萬；上班全天月入百萬！

所以，建立願景的 4 個原則：

❶*必須清楚明白，並且簡單易記，最好成員人人琅琅上口*：阿旺教練團隊成員，每個人都有個關心的家，事實上，應該全世界每個業務團隊成員都該有個關心的家。與其講賺大錢，但每個人賺錢的標準不一，不如直接訴諸結果，也就是團隊要照顧好每個人，讓大家都改善家庭品質，其實也間接的代表擁有足夠的收入和足夠的時間，如此才叫做有「品質」。

❷*必須是團隊成員心靈最後的依歸*：願景是什麼呢？願景就是當你處在最低潮的時候，可以激勵你振奮的理念。好比說，這周業績不佳有點想要偷懶放棄，然後回家休息，但一想到我們的願景：「改善家裡的生活品質」，就又會振作起來。

❸*必須時時被提醒：*以阿旺教練團隊來說，成員手上都有本小冊子，上面就清楚寫著團隊的願景，在平常開會的時候，阿旺教練也會時常強調這個願景。如此一來，大家每天都聽到、看到這願景，就會真正把這願景融入生活中，融入自己的信念裡。

❹*必須可以實現，不抽象但也不要太過具體：*以阿旺教練團隊的願景是「改善家庭品質」，是人人都想要的，所以一點都不抽象。如果說，願景是「成為世界第一」，那聽起來就比較不切實際。但願景也不會太細節到，好比說「改善家庭品質年收入千萬、住在有泳池的豪宅」，這樣一方面不好記，二方面每個人心中「改善家裡的生活品質」的願景畫像並不相同，所以不宜硬性規定。

## 🏠團隊口號要明確深入人心🏠

相對於團隊願景，不直接講述金錢，但搭配的口號卻是以金錢為重要元素。

以阿旺教練團隊的這兩句口號：*「上班半天月入十萬，上班全天月入百萬！」*

其實都只是代表「過程」的激勵，也就是說，要改善家庭品質並不是白日夢，而是透過每個月都有很好的收入來做到的。收入是過程，並且這過程貼近每個人的

現實，也就是對阿旺教練團隊成員來說，改善家裡的生活品質可能是「未來」會發生的事情，但收入多寡正是「現在進行式」。阿旺教練團隊的口號也是經過深思熟慮規劃出來的。阿旺教練知道每個成員最關心的兩件事：第一是每個月的收入，第二是關心自己的家人。於是就把這兩件事結合。

首先，阿旺教練想要強調的是業務工作，時間彈性又可以創造高收入，好比說有的人上午開會，下午要去醫院照顧家人，或者有的人必須參與孩子的鋼琴演奏會，這在阿旺教練團隊裡都是可以做到的。只要平常認真打拚，就算工作半天也可以有一定成果。而且如果願意更拚一點，花更多時間投入這個產業，收入自然也會更多，並且是多很多，因此打出「上班半天月入十萬，上班全天月入百萬」這樣的口號，並非遙不可及！

舉例：第一個徒弟李冠慧，之前工作月薪台幣6萬元上下，來我們團隊第一年年收入新台幣147萬元；第二個徒弟吳仟億，之前是家庭主婦，來我們團隊第一年收入就達新台幣168萬元，第二年更是突破200萬元。她們都已經達到月入10萬元的目標。但是阿旺教練團隊仍要繼續努力，因為她們的目標是上班半天，月入10萬元，而且是被動式收入月入10萬元。

　　重點是這些願景及口號都是可以做到的，不是喊喊
而已。如果總是喊空泛的口號，那很容易讓大家對團隊
失去信任感。

# LESSON 03
# 團隊核心價值與
# 團隊文化

　　身為業務，不管銷售的商品是什麼？當團隊不對，就做什麼事都不順。身為有理想有抱負的青年，可能就要離開這樣的團隊；身為領導人，就必須設法讓自己的團隊不要成為負能量團隊。

## 🏠團隊核心價值🏠

團隊要有個核心價值。

以企業經營來說,大家耳熟能詳的企業口號,同時也向世人展現其企業價值,例如:Nike的「Just do it」,強調該運動品牌的行動力;華碩電腦喊出「堅若磐石」,強調的是高品質;或者便利超商主打「全家就是你家」,展現的核心價值就是親和與便利。

管理一個業務團隊,雖規模不像大企業那麼宏大,但基本精神是一樣的,要有一個凝聚成員向心力的核心價值。所謂價值,就是不論碰到任何狀況,每個成員都可以馬上浮現腦海的第一準則。

**_以阿旺教練自己的團隊來說,核心價值是感恩與讚美。_**

是的,我們雖是業務團隊,但核心價值不是拚第一或者跟追求財富相關,而是感恩與讚美。

在阿旺教練團隊無論是平常開會小組互動,或者一對一交流,總會不定時的傳達這樣的理念:

我們今天有這樣的生活:吃喜歡吃的東西,可以自由地去逛超市買東西,背後其實有著許多人的努力,是各行各業我們不認識的貴人造就今天的滿足與希望。如果沒有這些人,我們現在生活一定很不方便。但我們是否感

謝過這些人呢？其實我們平常不會感謝他們，反倒碰到問題時，會責怪誰服務不周？誰產品不夠好？等等。

所以我們一定要懂得感恩與讚美，並且將這樣的理念深入內心，看到客戶就想著感恩：「你百忙中願意撥時間跟我見面」，跟同事互動也是感恩：「你願意跟我分享你的經驗」。不論看到主管，看到朋友，甚至路上的陌生人，你都願意讚美與感恩，世界會很不一樣。

核心理念不是一種教條，也不一定有明確的制式條文。上文只是阿旺教練傳達的一種概念，在不同場合跟不同成員互動可能表達方式不同，但總之就是傳達團隊的「文化」：要懂得感恩和讚美。

必須特別說明的，團隊的核心文化跟個人本身的價值觀不衝突，除非是原本的理念差距很大（諸如反核、擁核這類截然相反觀點，但基本上團隊的價值應該只跟工作有關），否則團隊核心文化只是成員「工作時」的一種做事標準，但無礙其下班時間的生活。當然，很多情況下，長期在一個工作環境受到「薰陶」也會很容易地將職場的團隊核心價值變成個人的價值觀。

# ⌂團隊文化⌂

團隊不一定有核心價值，但一定要有團隊文化。核心價值可能在團隊初始建立的時候尚不明確，創辦人也不能刻意「創造」一個價值，因為這不是打打廣告喊喊口號就一定可以形塑的。但領導人本身的理念很重要，因為領導人認可的重要價值，長久下來就會形成團隊價值。

在核心價值形塑前，通常會先凝聚團隊文化。

團隊文化不一定形成明確的規範字句，例如：許多業務團隊雖不明說，但背後存在著弱肉強食的文化，或者狼性掛帥，甚至爭相討好主管等，這些都是組織常見，逐步積累的文化。其他像是遇事推諉、學長欺負學弟、好大喜功、八卦流言等職場文化議題。其實，這些不一定是組織或團隊先天就有的，而是逐漸形成的，好比說團隊裡有人如此做，但主管放任不管，又或者主管本人就是不良示範，最終積非成是。

團隊文化直接影響的是士氣，如果團隊成員每天花十分力氣打拚，其中有三分還得用在內鬥上，那工作起來就很累。

阿旺教練團隊是由我自己以身作則，逐漸在團隊裡

建立以下的文化：

● **第一、看人看優點，做人溫暖點**

職場上是由不同個性的人所組成，人與人間對事情看法本就不盡相同，面對各種理念做法不同產生的摩擦，若都心存芥蒂，那麼整天都會不快樂，事情也無法處理。

阿旺教練會鼓勵團隊成員多包容，願意傾聽不同聲音，多看別人的優點。以阿旺教練團隊來說，就比較不會發生誰誰誰愛計較、誰誰誰怎樣又怎樣的不愉快。

心存感恩的人比較容易看到人家好的地方，大家都懂得讚美，懂得體諒也懂得包容，懂得廣結善緣。

如果大家都只選擇氣味相投的人聚在一起，那組織永遠不會大。唯有心胸寬大，海納百川，團隊才能走得長遠。

● **第二、主動積極，願意付出**

這也跟團隊文化相關，有的人可能本身個性還算熱情，但所處的環境卻是各掃門前雪。甚至一有狀況，人人躲遠遠的，因為團隊文化賞罰不公、是非不分，做愈多的人反倒愈背黑鍋。有的時候，若有人願意做事時，還被視為愛出風頭、想拍主管馬屁，那就算有再高的工作熱情，也會在這樣的環境下被澆熄。

因此身為領導人一定要形塑團隊裡「大家願意付出」

的文化，阿旺教練的做法就是以身作則——不會只想高高在上指揮大家做事，阿旺教練的風格就是：要搬東西，也會下去一起搬。主管親自在第一線出力，是最能帶起團隊士氣的。

有人會誤會說這叫「事必躬親」，其實跟大夥一起工作不代表不擅授權，很多任務可以分派下去，但平日依然可以跟同事同甘共苦，跟著同仁一起搬個東西也不會耽誤多少時間，以己身做模範，建立長久的「肯任事」文化比較重要。

● 第三、以身作則，做好模範

阿旺教練遇到的所有成功團隊，沒有例外，背後一定都有著堅實的核心價值跟團隊文化做基礎。關於這部分，會在最後領導的章節做詳細的闡述。

# LESSON 04
# 讓系統順利運作的 5 大成功關鍵

　　任何成功運作的系統，絕對包含實體面以及精神面。所謂精神面，是單從外表可能看不出來的東西。

　　例如有人覺得麥當勞經營得那麼好，那我也來投資一筆錢，比照麥當勞的模式創業吧！同樣建置一個明亮陽

光的空間、夥伴穿統一識別制服賣漢堡及可樂,也不時送些兒童喜愛的玩偶。

如果這樣就可以「複製」另一個麥當勞嗎?當然不是如此,那樣頂多變成山寨版麥當勞,但根本上不了檯面。

世間任何事,包含創業或者各類成就,如果只有模仿到成功者的外表,卻沒有複製到內裡精神,這樣的複製最後還是會以失敗收場。

## 🏠五大成功關鍵🏠

在許多產業裡,系統的重要性會直接影響企業的成敗。明明是同樣一群人,在好的系統下可以打造世界級企業,在缺乏系統下就是一盤散沙,企業也難以存續。

其實要談系統,一個典型成功案例就是軍隊。人們不是常說軍隊可以「讓男孩轉大人」嗎?背後就是系統的運作:一群各有本領的年輕好手,透過系統,融入一套階級制度、榮譽賞罰制度、每日作息制度、生活考核制度……最終組合起來就是一種戰力。

系統絕不是「自然形成」,而是要用心去創造出來,並且可能經歷過不斷的測試改良,最終才能變成常態的系統模式。

以阿旺教練本身帶領的團隊為例，無論是新加入的夥伴，或者是已可獨當一面的資深同仁，都會遵守團隊規範，依著以下五大成功關鍵逐步成長：

### ●關鍵一：找到對的市場定位

每個人都是獨一無二的個體，所謂系統化，並不是人人「一致化」的意思，那樣就只是高壓獨裁的系統化，而且會抹煞個人的特質。

阿旺教練團隊的系統化是一條可以遵循的道路，每個階段都有SOP：從新人報到一路成長到實戰作業，碰到大部分狀況，都有一個可以參考依循的標準。

團隊所建立的標準，第一步就是找到市場定位，阿旺教練的創業團隊就是打造台灣未來最大的房地產資產稅務團隊，主要做房地產節稅、資產分配，還有退休儲蓄的專業規劃，簡單來說就是錢的保險，透過賺錢的過程中如何能夠把錢存下來，並且規劃保障、指定分配、分年給付等功能，協助客戶做好財務規劃。有別於一般保險從業人員主要都在做醫療、意外保險，阿旺教練團隊主要做的是資產的保險，成交的金額比較大，收入也比一般業務高出許多。

### ●關鍵二：建立商品公版

以業務銷售來說，最好的狀況當然是夥伴們個個十

八般武藝樣樣精通,公司上百個產品他都很熟悉。實務上這並不可能,莫說對新人來說不可能,就算是資深人員也一定有他的侷限,可能只專精三分之一的產品,另三分之二還在學習等等。

因此,與其貪心想要團隊成員「什麼都會」,不如一開始先聚焦在幾個主力商品,也就是商品公版。

以阿旺教練的團隊來說,從新人進來開始,就先聚焦學習兩個商品公版,也就是公司的兩大招牌商品;實務上,也的確這兩大商品是銷售最好,客戶需求最多的。

因為聚焦,所以可以更專注學習,就算原本什麼都不懂的新人,你天天要他熟記這兩個公版的話術以及商品介紹,那不用多久,他們也可以成為這兩個公版的「專家」。以此為基礎拓展市場,後續再來學習其他商品就比較容易。

●關鍵三:建立鐵三角系統

前面兩個關鍵,一個是心法,一個是技術,到了第三個關鍵才是建立系統。

可以想像,一個新人,他把公司招牌商品記得滾瓜爛熟,這讓他拜訪客戶也得到稱讚,且又是依照市場定位去找適合他的族群,這讓他很快就進入狀況。然而,所謂銷售,絕不是一天、兩天的事,而是要這個月成功、

下個月成功、每個月都成功,這才能長長久久。

追求營運長久,就必須有賴系統。

這在任何業務場景都可以適用,例如汽車銷售,某個業務很專精銷售公司指定的專款汽車,但日復一日的,公司若沒有一套系統,例如每周開會制度、報表制度、檢討改進制度等等,公司只是放牛吃草,放任業務各憑本事銷售,最後,業務絕對會彈性疲乏,能力強的人乾脆跳槽到其他企業,團隊也就無法維繫。

阿旺教練團隊有套系統,叫做「鐵三角系統」,這後面會細部介紹。

●關鍵四:下市場

前面三個觀念都還只聚焦在培訓端,但新人依然要有實際業績,才能過生活,否則一切都只是空談。就好比讓士兵有戰鬥能力的最快做法,就是真正下戰場,阿旺教練團隊對於新人的要求也是一定要實際下市場。

只是既然有了系統,就絕非讓新人各憑本事見招拆招式的下市場,而是有一套做法。這套做法初期有賴領導人親自帶領,有兩個模式,分別是陪同與見習。

❶陪同:今天新人要去拜訪客戶,沒經驗的他一定非常緊張,碰到客戶問什麼問題,或上課沒教到的狀況,他可能還無法面對。因此在系統運作上,於新人進公司

的前幾個月，主管（阿旺教練本人或資深組長）會陪同新人一起去見客戶，一方面讓他安心，二方面有狀況也可以現場教學，讓他快速領悟。

❷*見習：*相對於陪同是新人自己去找他的客戶，見習就是主管本身自己接洽的客戶，但把新人帶在身邊，讓新人可以跟主管學習。很多事情，上課講的不一定可以立刻連結到實務，但透過見習，直接看主管面對客戶時，怎麼開門（業務術語，怎麼啟動雙方對話）？怎樣跟客戶互動？怎樣遞送保單建議書？怎樣Close（也就是締結成交）？

只要在主管帶領下，一開始就確實做好見習與陪同，絕對可以在很短時間內，就讓新人累積相當經驗值，不久後，新人也會成為團隊的一大戰力。

●關鍵五：十電五訪二問券

這也是阿旺教練團隊系統的必要功課，並且是「每日」基本功課。即使身處不同產業，也可依商品的屬性來設定，例如：房屋仲介朋友跟雜誌廣告推廣業務員，分屬兩種屬性，可能每天規定要打的電話次數，會有不同設定。但基本觀念是一樣的，就是**要建立一種「紀律」，甚至融入生活中，成為每個業務夥伴的常態習慣。**

在阿旺教練團隊，「十電五訪」是基本功課。所謂

「十電」，不一定要跟業務有關，畢竟，銷售是一門跟「信任」有關的學問，若見面一開頭就介紹商品，可能會令對方心生反感。

因此這「十電」，包含可能跟老友關心問候，或新朋友彼此認識寒暄都算。所謂「五訪」也是如此，例如客戶孩子生日，開車繞過去送個禮物，或者經過某個客戶公司樓下，特別停車上去和他打個招呼聯繫情感，都都算訪問。

**_重點在於建立互動關係，不求一次成交，但求關係長久。_**

# LESSON 05
# 讓業績逐步成長的
# 5 大作業標準

　　談完了成功五大關鍵，接著要補充的是阿旺教練團隊的作業五大標準，其實就是業務銷售的五大步驟：開發、經營、銷售、售後服務以及轉介紹。

　　五步驟的循環是基本的，只是在阿旺教練團隊會以系

統化的方式制定每個步驟的標準，特別對新人成長來說，很有助益。

## 🏠作業五大標準🏠

任何業務銷售都會需要這五個步驟：開發、經營、銷售、售後服務以及轉介紹。這是一個循環。如果把這個循環運作得好，每月業績會生生不息，並且還會逐年成長。

●步驟1：開發

業績不會從天上掉下來，每位新人要從零開始打造業績，一定必須開發，就算只是跟自己兄弟姊妹推廣產品，也算一種開發。

在阿旺教練團隊，第一步如同上一節說的，會協助每位新人（就算資深同仁也一樣），找到他的市場定位。並且在這階段，主管務必跟新人採取「一對一」形式檢討名單。所謂「開頭錯了，也別冀望後續會有好結果」，因此從一開頭就要把事情做對。

開發的第一步先依照每個人的市場定位，據以建立名單。這部分因人而異，常用的方式，包含：

❶**職域開發：**每人有自己較熟絡的族群，例如科技業、護理業、軍公教等等。

❷*緣故開發*：從自己的親朋好友開始分享，包括小學同學、社區鄰居、過往同事、閨蜜等等。

❸*講座開發*：結合公司不定期的專題講座，例如稅務講座、房地產講座等等，可以邀約朋友參加，並適當結合自家商品銷售。

❹*問券開發*：透過免費的問券，可以協助消費者解決一些生活問題，例如詢問人們對醫療保障是否了解？再藉由約見面講解內容，適度分享專業商品。

❺*里長開發*：結合地方的里長體系，建立關係，了解在地的需求，例如在地有哪些家庭未來家人可能有長者照護需求，或孩童長大有教育基金需求等等。

沒有開發，就絕對沒有持續的客源。亂槍打鳥開發，也只能得到亂槍打鳥結果，因此主管必須協助團隊成員，做好「開發」端的規劃。

●**步驟2：經營**

純粹開發但不須經營就得到訂單，有沒有可能？自然還是有的，例如自家好朋友捧場，或者剛好對方原本就迫切想買這個商品。

但以長遠之計，每個開發的名單都一定要經營，否則就算是熟客捧場，最終也難以形成穩固關係，並且明明原本是好商品分享，最後卻變成是欠對方人情，也是

不建議的做法。

　　所謂「經營」，主要分三個角度來思考：

　　❶*從某個角度來說，就是「去金錢化」*：也就是說，我們跟對方的互動，絕對站在「關心他」的角度，而非「關心自己荷包」。有趣的是，往往當我們用心經營，先不計較金錢多寡，最終金錢反倒會源源進來。

　　❷**不急於成交，要先建立信任感**：成為銷售冠軍多年，阿旺教練可以很肯定的說：「大部分的人，不會因為你比較專業，就找你下訂單，多數時候，是因為喜歡你信任你，你又有些專業才找你下訂單。」

　　除了少數完全專業導向的產品，如高科技儀器、專業珠寶，那專業比重占比較高，即便如此，客戶依然還是要找既足以信任又有專業的人。

　　❸*經營代表時間累積，因為信任需要時間累積*：因此阿旺教練團隊很強調見面的重要，包括五大成功關鍵裡的十電五訪，背後強調的，就是「多跟客戶互動」。

　　有句話「一回生、兩回熟、三回變朋友」，這可以是所有業務的至理名言。

　　見面不見得要成交，而是增加溫度；見面不一定要談業務，而是要增加好感度；就好像兩個人原本只是點頭之交，但今天看到你，隔兩天又看到你，就覺得「親

「切」起來，下回再見面就可以彼此拍肩膀，已經彷彿很熟稔了。

相對地，反倒原本可能過往長期同窗的老友，半年一年都不聯絡，你忙他忙大家都忙，後來見面反倒很生疏。

在阿旺教練團隊，主要做資產保險，所以要了解客戶的家庭系統表，身為主管的人都會緊密的關心每位同仁如何做好「經營」這件事，也會協助同仁，抓出客戶的最愛事項、厭惡事項以及目前的財務投資理財習慣等事項，讓同仁與準客戶間的互動更密切。

●步驟3：銷售

站在建立情誼的立場，我們要廣結善緣，結交新朋友。不過也不要忘了，身為一個業務，最終還是要把「好的商品」銷售給客戶。

銷售，本就站在「誠心正意」立場下的行為，但在實務面上，就是要做到「將商品的優點、特質以及其與對方的關係」講清楚，並清楚傳達給對方，這就需要一定的話術。

***所以，好的銷售話術就特別重要。***

若沒有結合好的銷售話術結果就會：

第一、業務自以為講得很清楚，但是客戶聽的很模

糊，客戶不知道業務員到底要表達的是什麼。

第二、業務員講的落落長，客戶沒耐心沒興趣繼續聽下去。

第三、講得很清楚很專業，但是不敢或無法締結客戶，因為沒有一套串聯商品優點到讓客戶下單間的線性邏輯。

在阿旺教練團隊中，有一套培訓的制度，當夥伴面對客戶，絕不是愛講什麼就講什麼，而是在出門前，都已經受過有系統的訓練了。因此，團隊會要求同仁們，平日就把話術練得滾瓜爛熟，但實際溝通時又不會感覺像是在背書。

重點就在不斷演練。阿旺教練常跟同仁比喻：銷售就像踢足球，不要一整場下來球傳去來傳很精采，可是都不會射門，最終一球都沒進，那就殘念了。進球需要技術，也需要抓準業務與客戶對話的節奏，這有賴於教練的指導。身為團隊領導人，會花很多功夫，指導團隊成員如何做好銷售。

●步驟4：售後服務

阿旺教練團隊經常告誡同仁的，簽到訂單可以很高興，但別忘了，這不是代表銷售的「完成」，相反地，這應該是銷售的「開始」。

　　相信任何商品都一樣，包括汽車，乃至於不動產，老客戶的再成交都占了往後業績很重要的部分，更何況是一般較民生需求的商品？許多時候，我們可能只要花一點時間，就可以讓老客戶再交易，比起開發陌生客戶，更輕鬆且有效率許多。

　　因此，絕對不要以為客戶已經簽約了，就不需要特別照顧，相反地，他既然已經成為你客戶，你要加倍的照顧他的需求，畢竟，這也是身為商品銷售者對客戶的一種責任。

　　在阿旺教練團隊領導裡，也會結合系統本身的規劃，協助同仁做好售後服務，例如提供各類優惠或優質講座，讓同仁可以送給客戶，也會時時提醒要經常關心客戶的動態，例如：對方生日或孩子畢業典禮等等的大日子，把他們當自己家人一般，共襄盛舉。

　　其實在阿旺教練團隊裡，愈資深的同仁，服務老客戶所花的時間占比愈高。

　　總之，把老客戶照顧到好，讓他感到滿意，感到物超所值，那麼業務本身的業績也會持續成長。

　　●步驟5：轉介紹

　　把以上四個流程，加上最後的轉介紹，就形成一個正向循環。一個成功的業務，一定是跟客戶都變成好朋

友，到後來，光客戶介紹客戶就服務不完了。許多從事業務的朋友，總感覺「過得很累」，因為每月業績都要歸零，必須從頭開始跑客戶。為何會如此？正常來說，成功的業務會愈做愈輕鬆才是。那就是因為他少了老客戶「源源不絕」介紹這一環。

為何如此？事出必有因。身為團隊領導人，就要協助同仁找出原因：

☑缺少轉介紹？那肯定是售後服務端沒做好。

☑有做好售後服務，但業績不佳，因為根本銷售端沒做好，客戶少，自然業績少。

☑有認真做銷售，可是成績依然不佳，代表被拒絕率很高？為什麼？往往是因為沒有好好經營。

☑願意好好經營，但成效不彰，那肯定就是因為客源還是太少，也就是從開發端就有問題。

身為團隊領導人，也是要懂得找問題的人，透過作業的五大標準，協助團隊，針對正向循環的每個環節，一步驟一步驟的導入作業標準。

依照系統，按表操課，方有所成。

# LESSON 06

# 功能小組的
# 分工與輪替

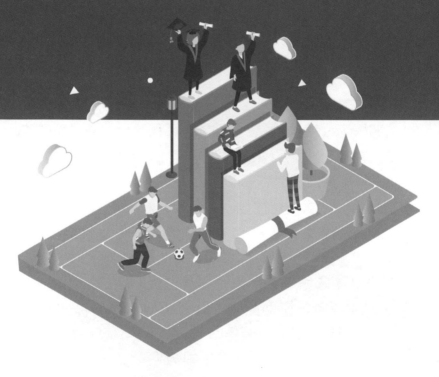

　　身為將軍要能與士兵同甘共苦、榮辱與共。但也要
有效率地做好團隊分工,各司其職,這樣才有長期戰力。

　　以團隊分工來說,關係到兩個長遠的議題:

①做事效率。
②管理傳承。

## 🏠體制內的培訓作業🏠

以效率來看，似乎依照專業屬性，某甲是美編好手就負責美編，某乙是財務好手就專職財務，理論上隨著時間累積，某甲跟某乙經驗都更豐富，更能做好原本專業，實務上卻有兩大缺憾：第一、某甲某乙因此永遠被侷限在原本專業無法拓展其他資歷。第二、整個團隊少了傳承，沒有人晉升管理職，領導人也必須持續操勞無法休息。

業務工作包含廣泛，必須懂得商品專業、溝通技巧、簡報製作等等，不能說自己單單只專精一項，並且以團隊成長來看，隨著組織茁壯，人人都該有管理技能，各自負責一項任務，互相分工合作，因此要有功能小組。

功能小組由團隊領導人來建置，每組要有組長，簡單說，就是提前讓擔任組長的人模擬擔任主管的意思。

以企業編制來說，可能有主任、襄理、經理等「正式編制」，敘薪及職責也有公司明文訂定。然而功能小組是體制內的，沒有額外的獎金津貼，卻是團隊內部重要的機制。

　　其實，如果每個業務團隊領導人都把自己視為一個企業的觀念，以這企業經營來說，底下可以細分管理財務的、安排課程的、規劃活動的……等等團隊常態機制，現在把這些項目「功能小組化」，一方面可以讓團隊運作更順暢，二方面可以培養人才。

## 🏠 讓功能小組發揮所長 🏠

　　舉例來說，阿旺教練團隊每周都要安排課程，包括由資深成員上台講課，也包括邀請其他單位有成就的人來分享，這件事如果每周都要由阿旺教練自己來安排：例如誰誰誰你幫我聯絡某單位、誰誰誰你明天幫忙講課……等等，這雖是小事，但累積起來就變成諸事紛亂，被分配的人也會覺得很臨時，他可能原本有其他工作待辦，卻又不得不處理領導人所交辦的事而心中有怨言。

　　但現在一切功能小組化，有個課程安排小組，他們會來負責這件事，阿旺教練不用辛苦，反過來只要聽報告就好。小組組長會在每兩周會議中，主動跟阿旺教練呈報預計找誰上課，這樣不是很好嗎？

　　依此類推，阿旺教練團隊建置有課程組、增員組、活動組、財經組、財務組等8個功能小組，這些都不是公司編制內的小組，但都能分工執行好任務，讓阿旺教練

無後顧之憂。

以下整理功能小組相關的規範：

●每個小組有個組長

以阿旺教練團隊來說，擔任組長的人一定是業績相對比較優異的人，意思是阿旺教練刻意培育這樣的人歷練主管經驗。他們必須在自己的功能小組裡訂定計畫、分派任務、追蹤進度，也就是真正當個領導人。試想，一般企業業務單位，通常是依照一個人的業績實力來指派新主管，往往一個主管從就任開始才學管理，沒有管理經驗，容易手忙腳亂。透過功能小組正好提前培育主管。

●輪值作業

功能小組是要輪替的，以阿旺教練的團隊分工來說，每個功能小組任期六個月，也就是一年經歷2次輪換，之後要成員大洗牌，例如夥伴A本來是活動組，下回轉到財務組。阿旺教練認為六個月比較剛好，太長就難以做好輪替，太短又難累積經驗，剛摸出一點心得就要換組。如此，一個人一年會歷練兩個小組，這樣比較剛好。

●擴大功能小組

功能小組可大可小，例如當團隊核心夥伴只有十個人，可能只能分成4～5個小組，每組就只有組長跟一兩個組員，但隨著組織變大，功能小組人數可以變多，並

且也可新增職位，例如安排一個副組長，多一個機會讓
有潛力的人歷練主管培訓資歷。

## 功能小組運作注意事項

功能小組既然由團隊領導人來建置，那麼領導人自
然有監督的義務，任何時刻領導人心中要有備案，也就
是說假定沒這個功能小組時，原本領導人的規劃是什麼？
整理以下3個注意事項：

●**不要等出狀況了再出馬**

功能小組某個角度來看，是非正式的小組，初始經
驗也一定不足。

領導人不要把任務丟給小組，然後就以為可以坐等
結果，等到發現不對，再來糾正時就會變得匆促。在阿
旺教練的團隊，原本功能小組就會定期開會，組長會跟
我匯報他的計畫，若有狀況阿旺教練可立刻介入，例如
原本下周安排稅務課，我發現這個課程已經跟不上最新
規定，就會跟組長討論調整。

●**充分授權，不要過度介入**

還有另一種狀況就是事事干涉，到頭來小組長會覺
得，反正都領導人決定就好，功能小組只是做做樣子。
這樣也不好，因此阿旺教練平常會尊重各小組自己的運

作，若有些偏移正軌，只會小小提醒，基本上不要太偏離原本預設的目標，阿旺教練都還是尊重小組長的決定。

● **分享心路歷程**

這部分可以私下進行，例如A原本擔任活動組小組長，後來轉任增員組，在那之後找一天和他聊，談談過往六個月的心得，並讓他有機會分享：以前以為辦活動很簡單，現在才知道背後有很多需注意的細節。另外，也可以比較，A擔任組長的做法與前任B擔任組長做法有何不同。

當自己親身經歷後，就更能以同理心看待其他主管的辛苦。

# LESSON 07
# 團隊核心會議

　　經常聽聞有一種團隊之瘤，叫做「小圈圈」，甚至關係更深的，變成派系。往往愈大的組織愈有這類派系，甚至盤根錯節，牽扯到師徒制、學長學弟制的利益等等。嚴重時，這些派系成員甚至把派系利益看得比公

司利益還重要，本末倒置，危害組織運作。

## 🏠團隊核心的功能🏠

　　所以組織裡該不該有小圈圈呢？阿旺教練認為，「圈圈」一定要有，否則表面上大家一律平等，實際上卻是不分優劣都一視同仁，就會變成假平等。古代周禮就有強調「親疏有別」，我們對待家人當然跟對待鄰居態度不會一樣，事實上，組織裡不但要有「圈圈」，並且這「圈圈」還攸關團隊成敗。

　　***但這裡要的不是很多小圈圈，而是一個圈圈，有圈裡圈外的概念。圈圈最裡層，所謂圈內人，就是團隊核心。***

　　團隊的運營，人才及能力很重要，但歸屬感更重要，當歸屬感與能力有衝突時，歸屬感優先，萬一遇到一個人「沒有歸屬感但有能力」，這樣的人才也無法為我所用。

　　團隊概念裡，有兩種基本的歸屬感：一是基本的團隊認同感，一是屬於團隊菁英的榮耀感。前者是基本要求，若做不到，阿旺教練並不歡迎這樣的人；後者則必須靠實力及付出，屬於資格制，要本身能力與態度都達標了，才夠格加入成為團隊核心。

　　以下整理了團隊核心的 2 大主要功能：

## ●功能1／發揮團隊綜效

業務團隊絕非教育單位，其實就算在傳統學校也無法真正做到有教無類，必須適當分班，否則資質差的孩子會占去太多教育資源，更何況是業務性質的團隊。*為求戰力，領導人務必要「偏心」，也就是「20／80法則」*所說的：主管必須將80%的精神及資源投注在菁英那20%，這樣團隊才會不斷向前，否則若想雨露均霑式，無論能力好壞、態度優劣皆同等看待，那麼要不了多久，團隊就會因為耗太多時間在問題成員上，變得效率不彰，影響士氣，甚至讓團隊瓦解。

一般的團隊屬性大略分成20%菁英與80%一般隊員，而這後面的80%又另外分成60%與20%，也就是一般隊員與包袱成員，整體來看就是20／60／20，其中菁英20%帶來整個團隊80%業績。

領導方式應該聚焦在那20%菁英，只要這20%跟上，後面的人就會跟上，否則若領導人想要跟「所有人」喊話，大部分人都會心存觀望，然而若有20%的人動起來了，其他人就會跟著動，至於最後的20%則會因跟不上隊伍，自然淘汰。對領導人來說，那菁英20%很重要，必須「特別照顧」，若一視同仁，20%跟80%一樣待遇，那菁英就會跑掉。

## ●功能 2／因材施教

菁英很重要，但我們無法讓任何一個團隊都是純粹菁英制，實務上不可能，除非是像軍隊般刻意培育海豹部隊或黑扁帽部隊，一般業務團隊一定包含相當數量的新人以及還在學習者，若只選菁英，那等於剝奪掉人們上進的機會，也讓國家失業率大幅提升。

菁英就是屬於團隊核心，其他人若願意努力，那麼核心成員就是一種典範，吸引一般成員將之列為學習目標跟上。

而所謂圈內人，只要認同團隊理念，願意遵照阿旺教練指示每周固定參加鐵三角活動者，都可以是圈內人；相反地，就是圈外人。由於有些產業不採底薪制而採用靠行制，因此不一定有明確的人事去留命令，但基本上圈外人會和團隊漸行漸遠，最終還是會離開。

相反地，阿旺教練認為，圈內人只要有心終究還是可以進入核心團隊，好比有人悟性較差，需要奮鬥好久，只要心態正確且做事也不放棄，兩、三年之後還是可以有所成就。

 **建立團隊篇**

## ⌂如何領導核心成員？⌂

既然是核心成員，就應該有別於一般成員的待遇，以阿旺教練的團隊來說，***核心成員擁有最重要的一項東西，就是榮耀感！***

榮耀感是什麼呢？怎麼營造團隊裡的榮耀感呢？

### ●參與決策

核心成員實際上也就是功能小組或行政小組組長，或者也許菁英很多，無法人人掛主管銜，至少在阿旺教練團隊裡，也是可以參與決策會議的人。

也就是說，除了所有成員固定要參與的晨會及培訓外，阿旺教練只讓少數成員參加的核心會議。此外，許多的高階培訓也只讓核心成員參加（不是不讓其他人參加高階培訓，而是他們業績實力尚無法去接受那樣的培訓）。

### ●尊榮禮遇

其實原本公司裡就有這類禮遇，例如招待旅遊、上台領獎等，但在日常生活中，則是將這類禮遇更內化。以一個簡單的例子，平常每周的核心會議，阿旺教練會為成員準備200元的便當，也就是高檔一點的便當。其實對核心成員來說，他們不是在乎那200元的小金額，重點

還是「主管非常看重你」這件事。

　　當然每個主管都希望自己團隊成員各個是業績好手，實際上當那樣的時候，代表組織已經擴大了，原本的經理可能升處經理，原本的核心團隊各個升主任、升經理等等，團隊自然分開成為許多的團隊，相信到那時候仔細去看，依然會是「20／80法則」，每個團隊各有20%組成團隊核心。

　　在團隊裡，領導的主要任務是照顧好團隊核心，然後團隊核心會協助「領導」整個團隊。所以，整體來看：

　　***領導人要給予前面20%的人一個方向，至於各種制度、目標、規則的設定，主要針對60%的人；最後20%是能力差的，要自然淘汰。***

　　做好這個順序的就是好的領導人，就是成長型團隊；若不是照著順序，而是先照顧最弱的人，想要發揮同情心、同事愛，最終只會搞得主管不開心，被輔導的人不開心，而回過頭來，菁英們已經走光光。

　　總之，團隊要有「願意跟著你走」的人，你必須善待這些人，要禮遇他們，要讓他們和你共事，參與重要決策。他們通常是可以自己管理自己的人，也是團隊核心，更是整個團隊的鐵桿部隊。所以過年過節

送禮和聚餐，都是以團隊核心人員為優先，因為這些都是付出者，也是團隊那一群人數只占20％卻創造80％業績的人，是團隊主要支柱。

# LESSON 08
# 勇敢減資裁員、
# 去蕪存菁

　　團隊有團隊核心，自然有非核心，非核心不代表不重視，而是正在努力中的一般成員，阿旺教練對大家都平等的尊重對待，這裡的平等，包括：

①公司規定的所有制度及考核獎勵，絕對公平，不會厚此薄彼，提供的基礎資源也都人人平等，我們的會客室准許你用、講座歡迎你聽，不會只准甲來不准乙來。考核晉升也是同樣標準，那些優秀的人都是靠實力得來，沒有人是靠走後門或有人情關說放水。

②阿旺教練對願意學習的人也都同樣認真對待，任何成員不論是核心成員、新進人員或者業績墊底的人，只要願意開口請教，我從來沒有不教導的。阿旺教練也從不在一開頭就片面論斷一個人，不會因為你比較漂亮就多教你一點、你講話不會討好阿旺教練就疏遠你等等。事實上，要嘛一開始就不是阿旺教練團隊，只要是阿旺教練團隊的人，我都認真照顧。

## 是毒瘤就必須割除

站在這樣的前提下，當大家擁有同樣的基礎資源，也接受同樣的栽培訓練，並且我也都願意花時間指導，即便如此，依然有人無法做出成績，或總是不合群，那麼汰除作業是一定要的。

團隊的正向發展有兩種結果：一種是團隊愈變愈大，菁英逐步開枝散葉，以原始團隊為土壤，各自又發展出自己的團隊。一種是團隊尚未如此茁壯，但是保持

著很好的氛圍，人人都快樂的工作，也許成長不是一年、兩年內的事，但過程中大家都愉快學習，有朝一日也會晉階到新境界。

但「變大」不一定是好事，就好比人體的腫瘤，變大反而是危害。關於去蕪存菁這件事，最了解的肯定是農夫了。以種南瓜來說，在長大過程中絕不是以量取勝，想照顧好所有南瓜，就必須割除比較弱小的南瓜，這是為了要把養分分給有機會成長得更茁壯的瓜。

***團隊也是如此，資源有限，要專注在那些肯用心打拚的人。***

有些人在團隊裡不但沒貢獻，反而不斷在扯後腿，這種人就好比那個不成器的瓜，必須要剪除。主管要把主力放在培養真的想要有一番作為的人。

以阿旺教練團隊來說，採取菁英制，就是說除了團隊核心外，同時也希望團隊整體成員都有一定的實力，最起碼是願意努力上進，願意加入圈內共同學習的。因此阿旺教練團隊也不追求人多，因為虛胖的團隊反而成為累贅。

必須說明的，裁員依產業屬性有所不同，例如有的業務團隊沒有底薪，也沒有明確聘任問題，這種情況可能就是經過溝通，請對方是否另做生涯規劃，或者可以

改加入其他團隊等等。阿旺教練團隊的直接對應做法，就是把該員從我們的群組剔除，以後不再發會議通知給他。

## 🏠裁員的正面影響🏠

團隊裡的裁員是必須的，其有三種基本作用：

### ●維護整體戰力

大部分的團隊，戰力是以整體績效來計算的，不同產業都有類似「最佳團隊」的獎項。但這裡講的戰力不是指「拉低平均值」，畢竟業務單位不是學校或運動競賽，並非計算成員平均業績。這裡指的戰力主要是精神層面的影響，道理很明顯，跟團隊文化有關。如果團隊大部分成員都是得過且過，或者產生「那麼努力幹嘛？低標就好了啦！」的想法，那就會劣幣驅逐良幣，長久下來會拉低團隊總戰力。

### ●殺雞儆猴效果

如果做一件事會導致一個結果，並且這結果是種常態，那麼人們就會重視；反之，如果一直有「就算不努力，公司也不會對我怎樣」的心態，就會形塑一個負面文化。因此，阿旺教練在團隊裡會用常態性的事實證明：「你若不努力，那絕對會對你怎樣」，因為我們真

的會請不適任的人不要待在團隊裡，相信有些原本心存觀望的人就會因此心生警惕；他們可能願意加把勁，好好做業績，或者仔細評估後有自知之明，先自行退出。無論哪個結果，對團隊都是好事。

●培養主管魄力

許多時候人難免感情用事，例如團隊的成員當初是你招募進來的，一方面你覺得「對他有責任」，另一方面你覺得他若出狀況「你面子掛不住」。其實這是錯誤的想法，你把個人的情緒蓋過正常的理智。包括阿旺教練自己在內，也是會招募新人進來，但難道我招募的人就百分百是「正確的人」嗎？不應該這樣想，畢竟我們不是先知，無法真正判定一個人的未來。實務上，不適任情況有百百種，有人就是覺得志趣不合，有人對於做業務就是心中有個檻跨不過，甚至有人就是不喜歡這個團隊的氛圍。人各有所需，不需勉強，更不需要把責任往身上攬。

**_勇敢斷捨離吧！經歷過幾次這樣的考驗，相信主管或儲備幹部們也會更懂得如何做好管理。_**

整體來說，領導人不要一味想當好人，想對大家好，最後就是大家都被拖下水。團隊要由主管帶起，形塑一種風格——我們都要往典範的方向走，沒有和稀泥，

沒有太鄉愿的包容——領導人不要曖昧，必須果斷釋放訊息：本團隊不是托兒所，工作態度不成熟者請另謀高就。

連在企業經營上，總裁也經常都會考量減資的選項，不是一味看起來規模大就好，包括賓士汽車、IBM等都曾經歷過減資後重生。業務團隊雖然無關減資，但必要時候該瘦身就瘦身，去掉不必要的脂肪，加入新能量鍛鍊肌肉，才能形成健康的團隊。

# LESSON 09
# 進才、育才、用才 計畫

　　以業務屬性的團隊來說，開發是很重要的一環，不論是一般的增員，或者是所謂的拓展下線，新進的人員可以增強團隊整體戰力，並且若成員的屬性比較多元，也可

以藉由團隊內部交流，帶來團隊視野提升，許多業務性質行業諸如：保險、房仲、傳銷等等，吸收專業人才同時不需預設技術門檻，不像許多工商、科技業還得相關學經歷，因此常常有機會招募來自士農工商各界，包含以前是高階主管、專業人士，甚至當過老闆的人才，以阿旺教練自己的團隊來說，也是人才濟濟，他們帶來不同的觀點，活絡阿旺教練團隊的正能量。

## 🏠從多元管道找人才🏠

　　某個角度來說，每個人都是人才，只看有沒有放對位置。而一個人也不一定只專注一個才華，有些潛在才能必須要經過訓練才得以彰顯。舉例來說，從前職業是貿易公司老闆，這算不算人才呢？可以創業當老闆，肯定不是庸才。然而就算過往當過老闆，不代表他就能勝任業務銷售工作，當然也不代表不適任，重點還是選才、育才、用才。

　　以軍人來說，這是個跟業務較無直接相關的行業，但其實許多軍人退伍後轉任業務非常成功，原因在於他講究紀律以及非常吃苦耐勞。此外，從前擔任護士現在轉任業務，也可以做得很好，她的優點是很有愛心、同理心，此外醫護背景對從事保險或健康相關業務銷售有

幫助。其他像是教師出身，懂得循循善誘；工程師出身講話重視數字。其實阿旺教練看過許多的業務銷售楷模，很少是本科系出身，甚至許多也都沒有商業背景，但依然把事業做得有聲有色，所以業務人才廣泛在民間。

選才第一步是開發，畢竟無法一眼就看出某人具備業務培訓潛質。因此首先只能找有興趣拓展人生的人，他們或許想追求更高收入，因此願意挑戰業務工作，或者發現在原職涯發展有瓶頸，想要嘗試跳出舒適圈。無論何者，少有人會主動登門應徵，我們通常還是要主動去開發，藉由溝通交流，探詢意願，建立選才的機會。

基本上，以阿旺教練團隊選才來說，絕非「多多益善」的概念，甚至對於人才的要求寧缺勿濫，每年都有減資裁員的動作。

至於人才在哪呢？有以下幾個建議，像是透過商展、人力銀行、親友等，不設限的多元管道，人才其實都可以找到。

## ⌂用才要充分信任⌂

人才培養就是讓他發揮最大功用，完全不需要「防」，所謂「師父留一手」，要讓徒弟永遠跟自己稱臣，已經是古早封建時代的思維。

*用人，第一不防，第二不疑。*

用人不防，不必防人偷學，根本傾囊相授都來不及了有什麼好偷學？不必擔心人才有一天終將離開團隊，讓自家的技術外流。真正有實力的企業或團隊，只會透過自我更加茁壯來迎接所有挑戰，不該去擔心別人學了我的功夫然後就「追過我」。

用人不疑，打從一開始在面談就講清楚，若知道彼此理念不合，就不予錄取，然而一旦錄取成為團隊一分子，就要把對方當成是自己人來看待，將來或許合則來，不合則去，但在彼此合作的期間，誠信依然是第一原則。

開誠布公，這樣才能接續談用才。

因此在阿旺教練團隊在人才管理上，主張一是有資源盡量給；二是必須因材施教。

●有資源盡量給

到底是要等人才發揮大用，再來提供資源？或者要等提供資源，人才才會發揮大用？

這似乎是「雞生蛋，蛋生雞」的問題。

許多不重視培訓的企業，喜歡採取放牛吃草的方式，或者說適者生存模式，讓團隊成員各自努力看誰可以攀登山頭，有能力攻山頭的再後續提供多一點資源。事實上許多的組織機構及團體也是如此，甚至學校等教育單

位，也是評估過實力較佳的學生，校方才會給更好的資源，包含最佳師資以及專業場地等等。

然而是不是有許多本來可以發揮專長的人才，只因得不到充分的資源以及重視，後來就採取得過且過模式生活，反正主管不重視他，他也就不必盡全力付出。

阿旺教練相信每個人都一定可以是人才，特別是當初我們招募增員，這些人也一定都經過基本的面談且有其過往的實績。我的做法，將資源分成兩種：

**❶一般性的資源，對每個成員一律公平，充分供應：**

☑所有新人該上的課，不留一手，傾囊相授。

☑公司舉辦的任何晨會講座，全員都來學習。

☑任何人找主管請益或協助，沒有大小眼，全部誠心對待，盡力相助。

☑企業本身有的後援，如產品型錄、公司場地、公關用贈品，也在額度內充分供應。

**❷特殊資源只提供給成績優秀或夠努力的人，因為他們值得：**

☑較進階的課程和訓練，只有業績達到一定標準的人才能上。

☑企業規定範圍內的福利，如旅遊或額外獎金。

☑某些團隊甚至保有重量級的客戶名單，只提供給

夠優秀的人，不是因為對資優生偏心，而是因為要為重量級客戶服務必須具備更多的專業，以及對團隊有更深的向心力。

基本上，身為團隊領導人要讓成員在出征前能得到團隊充分的授權、完整的後勤補給，以及非常重要的事，就是主管站在背後保證會全力相挺的承諾。

阿旺教練相信團隊每個成員都是人才，也衷心期待每個人都可以用好業績來豐富他們自己的生活。

### ●人才管理必須因材施教

阿旺教練很認同一句話：「這世上沒有無用之人，只有沒放對位置的人。」

只不過站在業務團隊的經營角度，分兩個層面：

*第一是屬性角度：* 也就是站在我們團隊銷售目標以及核心價值立場，可能經過共事一段時間，中間也有過溝通及磨合，發現有些人不適合我們團隊，那就必須請對方做取捨。請注意，我們沒有說他不是人才，只是他的才能可能跟我們團隊不相合。例如他本身沒那麼信任我們的產品，業務自己都不信任了怎麼推薦給客人？或者他就是對業務銷售工作有排斥，只能好聚好散了。

*第二是適性角度：* 所有願意繼續留下來奮鬥的人，「一定」都是人才。只不過這個人才，第一、有沒有經過

足夠的專業培訓，第二有沒有被放對位置？

關於如何培訓，下一篇將繼續介紹。這裡先來談如何將人才放對位置。

以業務拓展來說，絕對沒有說「只有具備怎樣特質」的人才能成功這樣的事，例如：有人說只有熱情有活力、具備專業形象及好口才的人才能成為冠軍業務，但以阿旺教練團隊來說，底下很多優秀的業務好手，每個人個性不同，多的是溫婉內向，甚至感覺有些害羞，講話也不是那麼流利的人，一樣可以做出好成績。

重點在於他們被放在怎樣的位置。

當然每個人的各種能力都可以被磨練，例如阿旺教練團隊刻意設立各種小組，就是為了讓成員培養多元實力。但這裡強調的放對位置，是指有的人或許對數字有興趣，他可以結合這方面專長在業務風格上；有的人就是很得婆婆媽媽的緣，則很適合去開發菜籃族客戶。

做主管的人就是該找出每個人的專長及優勢，然後把他放到「勝率最高」的戰場，就可以發揮更大的業務綜效。重點是擔任主管的人平日有沒有用心去觀察及溝通，畢竟很多時候，專長及擅長不一定表面上立刻看出來，成員不會自己面前掛著牌子寫說「我很適合去拜訪貴婦」等等的。甚至很多時候，成員自己都不知道自己

喜歡什麼，有的人在經過銷售實戰後，才了解自己很適合跟長輩講話，因為外表憨厚，長輩跟他講話就多一分親切感等等。

　　用人唯才，而這需要用心去陪伴及多所互動，這樣主管跟人才都可以一起成長，團隊業績揚升，每個人也各得其所，工作得很開心。

# LESSON 10
# 營造一個讓人
# 樂於參與的團隊

你一天多少時間在家中？多少時間在職場上呢？

其實攤開每個人的行事曆，大部分人會發現，若扣除假日也暫時不去談加班，其實一周大部分時間還是跟

工作有關，通常加上通勤時間，那在職場的時間會比在家中多，而在家中的時間還得扣掉睡眠占去一半以上時間，所以往往一周中，我們跟同事在一起的時候比跟家人在一起的時候多。

既然我們的生命是由這樣一周一周來接續組成，也就是說在生命中工作職場占最重要的分量。這樣的話，是不是更該設法讓工作環境成為更加快樂、更加讓人可以學習成長的地方呢？

## 怎樣擁有一個快樂的團隊

阿旺教練也認可，職場應該是個講求績效的地方，職場不是學校，大家都是成年人，來職場就要做出成績。

阿旺教練更認可，職場是及紀律講求承諾的地方，職場不是遊樂園，你不能每天嘻笑玩鬧又想領好的報酬。

就算如此，也無礙於我們該努力讓職場成為一個讓人工作在其中很幸福、富有樂趣的地方。

但，一個團隊怎樣才會讓人覺得願意長期待下去？

相信大家經常會看到身邊有人每天抱怨職場種種的委屈，但抱怨歸抱怨，為了一家老小生計，仍需委曲求

全。這樣的團隊絕不是幸福的團隊，如果人生大部分精華歲月都要耗在不快樂的場域，那不就等同人間地獄？

真正好的團隊應該要能形塑一種氛圍，讓成員們很樂意天天來報到，畢竟工作占掉人生很大一部分時間，當然必須要快樂。

阿旺教練團隊的成員是幸福的，因為這裡有目標、有希望，但也絕不缺乏歡笑以及休閒娛樂，例如透過臉書，就可以看到我們一年四季安排的種種趣味活動，肯定比一般上班族的生活要豐富，**_團隊真正落實著「工作就要認真工作，要玩也要盡興的玩」_**。

打造團隊成為一個人人想待的地方，有四個要素：

● **要素1：要建立共同的信念**

當大家都認可團隊的信念，工作起來就不該有怨言，因為不認可的人本來就不強留，大家都是經過認真面談過後才加入團隊的。

● **要素2：要有個值得信任的領導**

以阿旺教練團隊來說，相信團隊成員都是認可在這團隊有前途，因為阿旺教練本人既有專業也守承諾，所提的願景目標都是可以達到的，也確實幫助大部分成員提升生活品質。阿旺教練講求紀律也很嚴格，卻是真誠對待大家的，團隊每個人都相信這點。

●要素3：有著一家人的氛圍

家人在一起會幹嘛？應該不會是天天相敬如賓吧！一個有向心力的團隊，彼此間絕不是競爭對立關係，也不會只是點點頭，或是被硬湊合的同事關係。以阿旺教練團隊來說，大家都是好姊妹好哥們，工作上有狀況互相支援，也願意聊彼此家庭以及假日去哪玩等等。事實上，團隊也真的經常聚餐、經常出遊，並擁有許多的獎盃，代表豐碩的戰果，同時也擁有許多歡笑，甚至搞笑的照片，代表團隊有多快樂。

●要素4：照顧到每個成員的價值觀

相信許多上班族或者老闆也一樣，困擾著他們事業發展最大阻力，就是家庭與工作的對立。

但這件事一定得是零與和的遊戲嗎？一定得「犧牲」一項，才能成就另一項嗎？

其實這攸關團隊的價值及文化問題。

## 🏠人生就是價值取捨🏠

從成員一進入團隊開始，阿旺教練就一直宣導一個經營理念：

家庭跟事業牴觸→家庭優先；
事業跟個人牴觸→事業優先。

　　遊戲規則清楚明白，每個團隊成員也都認可。作為彼此人格誠信的依據，也不會有人故意說謊捏造某件事屬於「家庭」事件，只為逃避某個任務。

　　家庭相關的事就是指「這件事不做，會影響家庭價值」，例如家人生病，當然優先要趕去醫院、孩子畢業典禮，身為家長也不能缺席、父親的70歲大壽，甚至妻子今天情緒不穩，我一定要去陪她……等等，都是家庭價值。為此無法出席培訓會議，或必須跟客戶改期，這都是可以接受的。

　　相對來說，跟女友約會、晚上要去看電影，以及本來想去哪旅行等等，當事業方面有重要事情時，個人的事就必須擺第二位順位，這是阿旺教練團隊的原則。

　　當然，不一定每件事都能如此清楚劃分，例如跟女友約會，但今晚本來是要跟她求婚的，這算私人事件？還是家庭事件？

　　每個團隊領導人，心中會有一把尺，就如同每個人自己也應該可以做價值判斷一樣。

　　無論如何，團隊必須形塑一種規劃，並且具體落實。這樣對成員來說，一方面會養成做好時間安排的習慣，公司的各種會議早就排好了，安排家庭活動時應該可以事先錯開，另一方面有了這套認同的價值觀，包含

事業和家庭就有個依循，絕對不需要誰犧牲誰。

以阿旺教練本身來說，既可以長期打造優良績效，同時帶領團隊成長，但也從沒有疏忽對家人的照顧，依然可以陪著孩子快樂成長。

一個快樂的團隊，成員們在工作時可以全力付出，因為這是他熱愛的工作，也不用犧牲家庭及健康；團隊希望每人追求高業績，但絕不鼓勵大家「窮得只剩下錢」。

事實上，由於業務屬性團隊，每個夥伴可能來自不同背景，有人是熱血青年、有人是單親媽媽等等，我不會要求大家一視同仁，重點是每個人想要的是什麼？

如果有人覺得月入10萬元就很夠用、很開心，那硬要他追求月入百萬，然後犧牲更多休閒，其實完全沒必要。阿旺教練不會為了團隊業績數字更好看，就要大家成為追「金」族。相反地，阿旺教練反倒經常會在重要時刻，提醒大家不要忘了家人以及享受生活。

例如：母親節到了，你禮物準備了嗎？（當然，若你平日夠打拚，會有能力買更好的母親節禮物）。又或是畢業季到了，別忘了親友的重要日子喔！高中畢業典禮一生只有一次，錯過了，孩子會恨你一輩子喔！

很多時候，快樂存乎一「心」，若你幫助某個夥伴

月收入達六位數字，但他卻對你心懷怨恨：因為你害他
跟女友分手，這樣有什麼意義？數字不只是數字，數字
必須對應著快樂生活，才有意義。此外，明知道每周一
的會議很重要，但有人當天卻請假，我會生氣嗎？不會
的，因為她有跟我報備，今天是女兒音樂大賽決賽的日
子，我衷心為她祝福，而且我也知道她有心在這裡，一
次的不參與會議，我完全不會介意。反而很替她高興，
能夠陪伴家人出席重要活動！這正是我們這分事業最棒
的地方——時間自由，收入豐沃。

　　你有營造一個幸福的工作環境，一個讓人樂於投入
時間的團隊嗎？

　　這是個攸關團隊長治久安的重要課題。

# 第2章|人才培訓篇

# 關於人才培訓，
# 你必須規劃的10個重點

# 從選才到育才，
# 打造優秀團隊

　　這是一個比較大的題目，光是如何訓練人才就可以出版很多書，在此我們僅針對業務團隊的重要性角度切入，淺談人才的培育。

　　古語有云：「不教而殺，謂之虐。」以業務性質工作來說，其實沒有誰是天生「不適合」做業務的，包括行動不方便的朋友、視障朋友、口吃的朋友等，也都可以成就出優秀的業務。重點還是要經過有系統的培訓。

　　身為團隊領導人，在增員或選才後，就要相信人才。先是努力留住人才，就算未來人才仍需展翅高飛，至少在彼此合作階段，也能相處愉快，讓人才在職期間發揮最大戰力。

　　以阿旺教練團隊來說，境界更高，以業務性質來

說，本就不預期成員會永遠留在這裡，但只要願意留下來的，團隊絕對以最大的誠意做培育。

　　為什麼人才不會留下？因為這正是良性組織的特性——人才成長茁壯了，他可以「分裂」出去建立自己的團隊，表示他已經長大成熟能夠獨當一面，管理一個團隊，而且他的業務績效依然會對原來團隊有所貢獻，不是更棒嗎？這樣，團隊才會開枝散葉，打造企業更大的品牌。

# LESSON 11
# 建立正規軍

　　在戰史上，是否有游擊部隊打敗過正規部隊呢？答案應該很難找到，例如八年抗日抗戰、1950年代的越戰，以及近代中東地區的紛紛擾擾，游擊隊經常讓正規

軍頭痛萬分，他們主力不在求得兩軍對戰的勝利，主要目的在騷擾部隊，但最終不可能有哪個游擊部隊主力成為強權，只有化身為正規部隊才會擁有真正主動攻擊的戰力，因為游擊部隊的存在本就是資源不足的勢力不得不採行的做法。

## ⌂正規軍需要有系統的培訓⌂

回歸到職場，怎樣的企業才會大量建置游擊部隊呢？就是那種不求長遠發展，只想「撈了就走」的組織才會如此？或者業務團隊的主管，只把夥伴當成「隨時隨地可換掉」的概念，才會如此。

身為一個有理想、有抱負的青年，你會想將未來交付給游擊隊還是正規軍呢？

而身為領導人的你又該如何建立起自己的正規軍呢？

*關鍵就在培訓的方式。*

其實，游擊隊跟正規軍都一樣有培訓的流程，只不過前者具備的資源較少，甚至是本來有資源，只是主事者不願意提供。

以新人來說，在游擊隊模式的培訓裡，一來資源有限，二來本就沒有對新人抱持什麼期望，因此最常見的

做法就是一視同仁的，新人一報到很快地統一訓練，並且都是採取速戰速決的方式，可能只花個一、兩天由前輩訓練一下，甚至連這樣的訓練都省了，美其名為「最好的訓練就是直接下戰場」，實際上卻是把新人推去當砲灰，賣掉多少商品就算多少商品，反正這一波都陣亡了，還可以繼續招募下一波。

但正規軍的訓練方法如下：

●未結訓前不建議上戰場

正規軍絕對都要經過相當時間的培訓，不同產業的做法不同，但與其讓新人在一知半解下，直接下市場碰一鼻子灰（同時也搞壞公司的形象），不如讓新人真正被培訓出基本戰力，且經過審核合格了，才能正式去跑客戶。也許中間會以見習生身分跟前輩去做拜訪，但絕不會在未培訓驗收前就讓他獨當一面。

●做好基本功

似乎全天下的業務行銷道理都差不多，從各種銷售類的書籍也都傳遞有哪些重要的話術及心法，表面看似一樣或類似，但實戰時功力卻是差很多，為什麼呢？就好比我們看人家打籃球，再怎麼看反正就是運球、傳球、投籃這三件事，看幾分鐘就懂了，但下場後你因此就會打球嗎？業務基本功，就好比投籃這件事，表

面上就是對準籃框投，實際上手勢、力道、準度都要靠勤練，並且在這過程當中必須要有專業教練，針對細節「正確」指導，而不是說「反正你自己多多投籃幾次就好」。

## ●講求紀律與秩序

紀律攸關乎心態的調整，特別是在團隊中，眾人一起行動，形成一種彼此督促的效應，例如當開會時，大家都準時到，只有你姍姍來遲，你也會不好意思，下次就會早點到。而這種紀律的形塑需要時間的累積，也需要組織有效的管控。而秩序，這裡不單指的是做事情的法度，也包含培訓的邏輯。

一個有制度的培訓機制，課程一定是配合循序漸進的邏輯設計，這些邏輯都是前輩逐步累積經驗所構成，因此先上什麼課、第二堂接著上什麼課、每堂課的重點原則等等，都要有專業規劃。這才是正統的培訓。

## ●有完整的師資

所謂師資，分成至少三種：外聘講師、內部講師以及編制內的小老師，這三種相輔相成，同時存在。以阿旺教練團隊及所處的企業，就有完整的三種講師，搭配常態性的每月、每週都有規劃培訓。不論是針對新人、一般資深同仁，或是預備升任主管的儲備幹部，都有

相應的培訓課程，以規模及內容還分成初階、中階、高階，也包含複訓。每種訓練都有相應的師資，並且清清楚楚的列在培訓課綱中。

以阿旺教練團隊來說，新人一來報到，就有密集扎實的課程，稱之為「新人列車」，也就是說除了一般人都要參與的鐵三角（早會、培訓與講座)外，這個新人列車是從周二到周四都密集安排的課程，由於新人尚不能輕易去跑業務，因此把主力時間都放在培訓上。

阿旺教練團隊因為採取精兵制，人數在可控制範圍內，阿旺教練通常會親自來帶這些新人，但有些課程也會委由團隊裡的菁英，也就是那些資深組長來傳授。如此一來，這些新人經過有系統的帶領後，很快就可以成為更專業的戰士。

## 嚴謹編制的正規軍

正規軍和游擊隊的另一個不同點，就是編制上更嚴格，例如可能要經歷10年教育及歷練才能晉升為校級軍官，每個位階也都搭配具體的考核標準，要勝任更高位階可能還需搭配國防大學培訓等等。

當然，現在談團隊培訓，不等同軍隊，但背後道理是共通的。

　　團隊要分層級，這樣才方便訊息傳達以及帶領夥伴，而擔任不同位階的管理者，必須有一定威望，這威望則是來自於公司的制度，並且也要讓大家都知道：唯有達到一定標準的人才有升任主管的資格，因此這樣的人當主管是可以讓團隊信服的。

　　也因為有嚴謹的制度，包含賞罰分明的規範，整個團隊運作就會有一定的規矩。在古代戰場上，兩萬精兵可以輕鬆打敗十萬個無組織的遊民反抗勢力。同樣地，在業務戰場上，經過正式培訓歷程的團隊，就算採取小而美，可能團隊只有一、二十人，整體業績也一定勝過號稱有超過一百人的鬆散業務游擊兵。

　　這裡要特別介紹的，就算是表面同一個團隊，也不一定人人都是正規軍。特別是類似像保險產業，不像傳統上班族一般，有明確的敘薪及上下班打卡規範。因此，業務團隊更需要紀律。阿旺教練只會認列那些願意遵守紀律的，也就是依照團隊規定按時來參與鐵三角活動，以及每日十電五訪的夥伴，為正規軍，或是團隊裡的「圈內人」。

　　不屬於圈內人者，有的可能是自詡業績還不錯的獨行俠，但只要不和團隊同進退，就不視為正規軍。

　　阿旺教練團隊在精不在多，有一定的篩選機制，符

合正規軍資格的才能參加特戰班,而又從正規軍中還挑選出菁英,就好比挑選特種部隊一般,形成核心團隊,這些核心又會接受更進階的培訓。

　　正規軍的特種部隊,不出馬則已,一出手就雷霆萬鈞,這是屬於菁英業務人的志氣,也是團隊最強大的戰力展現。

# LESSON 12
# 鐵三角系統

　　培訓一定要有目的，既然以學習角度來說，團隊需要不同的能力培育，也就是說，針對不同的能力栽培，就要有不同的培訓設計。

　　好的團隊不會採取齊頭式平等的培訓設計，也不能單獨採用「只限菁英」的設計。真正好的培訓設計，背後一定有其正面的邏輯，培訓不是「老師講，學生抄」的模式。培訓必須要學員有明顯「學習前」、「學習後」的差別，並且要能看得到未來，也就是今天你正在上初階培訓，看到前輩已經在上高階培訓，知道自己只要努力，將來就可以上那樣的課，因此燃起心中的鬥志，也讓自己對職涯發展路有清晰的藍圖。

　　以阿旺教練的團隊為例，有非常明確規劃的培訓機制，各自有各自的設計目的。其中最基礎的就是鐵三角以及二次早會。

## 🏠鐵三角系統的核心精神：複製及重複🏠

　　工廠有了系統，可以訂定每月的產能以及營業目標，中間不會有太大的誤差。速食店有了系統，可以真正快速出餐，提供一致的美味，不會有客訴糾紛。當有了良好的系統，就一定帶來效率。

　　如果業務銷售有個系統，人人都可以成為頂尖業務，不是很棒嗎？

　　在阿旺教練團隊裡正是有一套這樣的系統，叫做「

鐵三角系統」。

　**所謂「鐵三角系統」：由早會、培訓、講座所構成。**

　系統的重要性主要是讓團隊成員不能只抱著「自家好就好」的心態，而是願意讓團隊「共好」。飲水思源，當初資深成員也是從新人起步，在團隊的協助下，透過有系統的培訓，才能有今天收入豐足的成績。那麼，做為團隊的一分子，資深成員也會竭盡所能，指導團隊裡願意上進的新進成員，讓他們也可以像自己的狀況這麼好。

　然而指導需要效率，否則又淪為「師徒制」下，各

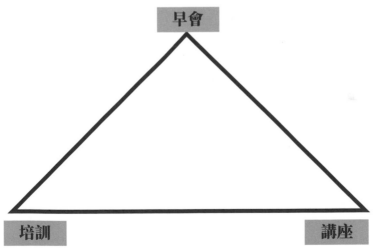

▲圖1：阿旺教練團隊的鐵三角系統。

立派系的混亂。最有效率的方式，就是必須結合一套培訓系統，這套系統的基本精神就是「複製」。

畢竟，對新人來說，「複製」是最快的學習方式，也是最容易上手的方法，而鐵三角系統的每個環節，都在協助新人：

❶*複製公司的知識*：包含公司商品、公司經營理念、公司制度等等。

❷*複製成功者的做法*：鐵三角每個環節，講師都是成功者，他們會無私地把自己如何成功的方式告訴新人，也歡迎他們複製。

❸*複製前人的經驗*：鐵三角參與者，不只是領導人，也包含不同個性的成員，他們的業務經驗，包含好的跟錯誤的，都會在培訓階段分享，對新人來說，好的可以學習，壞的經驗也可以引以為借鏡。

對每個成員來說，另一個重點是「重複」。

包括阿旺教練本人在內，我們周復一周，月復一月、年復一年的，嚴格遵守鐵三角的紀律。就是說，不要以為自己對培訓內容已經滾瓜爛熟了，也不要以為自己什麼都懂了。*同樣的知識，重複久了，只會更熟練；同樣的紀律，堅持久了，就會變成個人終身履行的好習慣。*

鐵三角系統是如此的重要，所以在阿旺教練團隊

裡，基本上，若有成員不配合鐵三角運作系統，就表示脫隊了，未來該成員也很難有自己的的團隊。

## 🏠鐵三角系統：早會、培訓與講座🏠

其實包含早會、培訓跟講座三個重心的鐵三角系統，不只是對新人很有幫助，對資深成員也絕對有幫助。

### ●鐵三角系統1／早會與內訓

身為業務工作者，紀律非常重要。

以鐵三角系統來說，先不談其本身的培訓機制，光談其帶來的紀律效益，就對每個人很有幫助。團隊會要求成員，每天就是準時要來參加早會。

阿旺教練也會以泡菜做比喻，什麼是泡菜？就是原本食之無味的白菜，「泡」久了，就會變成有滋味的泡菜。

「泡」的影響力很大，一個可能原本資質較駑鈍，可能學習業務知識沒那麼快的夥伴，即便如此，只要持之以恆，每個早會都不缺席，每周一到周五早上參與團隊會議，每天學一點、泡一點，泡久了就會了解其中的精隨了。有問題提出來討論，有業績大家一起來喝采。沒有例外，到後來，每個人都會業務功力大增，擁有自

己滿意的收入。

因為阿旺教練會專注於周一做團體的專業內訓上，通常是接續早會之後，接著就是有關保險不同領域的專業訓練，例如資產保險介紹、財富管理介紹等等。

可以說，*早會是建立紀律，內訓是累積實力*。對於團隊成員來說，當公司願意安排專人在指定時間，提供給自家成員免費的教導訓練，這應該是求之不得的事，而這樣的內訓周周都有，也加強每個成員的銷售內功。

●鐵三角系統2／培訓

在鐵三角系統的很重要的一個環節，也是一個讓團隊成員足以步步高升的環節，就是人才培訓。

例如：在阿旺教練團隊裡有安排行銷培訓課程和組織培訓課程，分別是：

行銷培訓是關於Money的M1、M2、M3課程。

組織培訓是關於Leader的L1、L2課程。

這些課程要搭配不同成員的現階段成長狀況以及工作需求，適當的安排，例如M3課程，就只有達到一定標準的成員可以上課。而這些課程之後都會詳細介紹。而關於M1、M2及L1、L2課程，將在後面專篇介紹。

當然，阿旺教練團隊裡的培訓不只這些專業培訓，還有人格養成培訓，這就涉及到團隊紀律的養成，等一

下也會介紹到。

## ●鐵三角系統3／講座

任何有組織的機構，一方面基於企業社會責任，願意將本身專業領域貢獻給社會，因此開設有助於大眾學習的講座；二方面基於企業形象建立友好睦鄰等，也會邀請一般民眾來聆聽可能原本不熟悉的課題。

因為這些講座，一方面可以加強同仁們對於專業知識，例如保險正確觀念，或者節稅觀念的認知，另一方面這也是適合帶領朋友一起參與，分享知識有機會也可以增員的場合。

可以說，鐵三角系統攸關管理資源的分配，也就是說，願意加入鐵三角體系的夥伴，也就是願意精進自己，願意遵守團隊規範的夥伴，會是重點照顧的夥伴，或者用另一個術語來說，就是我們的「圈內人」，反之，對於鐵三角系統的參與度不高，總是愛來不來的，就比較是「圈外人」。

圈內人會在長期學習以及積極正向氛圍的激勵下，日有所成，月收入節節上升，圈外人則往往漸行漸遠，迷失方向，也告別原本想要追求高收入的夢想。

人才培訓篇

## 培訓制度與紀律養成

基本上，任何人持續穩定有紀律的參加每周的晨會、內訓及講座，就算學習力再差的人，也會被磨出基本功。

這裡要強調的是，這些培訓課程及方式絕非只坐在台下，安靜聽台上老師分享就好。例如：早會，阿旺教練會藉由大家聚在一起的時候，一方面主管布達重要訊息，宣達最新政策，一方面也有很多彼此互動的機會。

所以像是鐵三角這類的基本培訓，非常重要。也因此阿旺教練說過，如果一個成員本身實力夠優秀，卻以種種藉口諸如「以前上過了現在可以不用再上」等，經常不參與鐵三角活動。那這樣的成員將會被阿旺教練排除於核心團隊外。

## 二次早會的重要性

另外，除了鐵三角系統外，這裡接著要談的是阿旺教練團隊接續早會後安排的會後會。

早會通常是以整個業務辦公室為單位，參與的是所有的業務團隊；相對來說，二次早會就是屬於團隊自身的早會。

112

　　會後會主要是將早會公布的訊息，由主管進一步的闡述以及對成員做指導。另外，也會由主管對成員昨日進度以及今日計畫做檢核。這裡的執行重點有二：

●用「一分鐘分享」學好表達

　　在阿旺教練團隊裡會安排每個人一分鐘分享。人數多則改為每人30秒分享。其目的有二：

❶*檢視團隊成員剛剛有沒有認真開會*，有沒有認真聽台上的主管說什麼？

❷*聽聽每個人的表達能力*，有些小缺點，阿旺教練可以當場糾正調整。

　　雖然只是短短一分鐘，但由於這是經常性的，每天都要講話，久而久之，一個人一定會改變。

　　例如：看見一個新進人員，從最初的生澀害羞，講話有點發抖，經過三個月後，已經可以侃侃而談，表達方式也在一次又一次調整後，變得自然順暢。

　　請注意，二次早會並非正式的知識技能傳授型培訓，只是會議型培訓，但就已經可以帶來很不一樣的效果。

●實地演練及開口講話

　　二次早會是阿旺教練帶領團隊一種培訓模式，但不同的企業可以針對自己的業務團隊有不同的模式。時間

不一定是早上，也可能是每天晚上，或者一周選兩、三個重點時段進行，重點要做到兩件事：

**❶讓業務可以演練：** 沒有技術只有次數，講多了就熟了，另外透過兩兩互動，也可以避免閉門造車，原以為自己講很好，後來才知道前輩的模式才真正的好。

**❷讓成員開口講話：** 這和個性無關，本性木訥的人或許講話比較慢，但不代表不能做出合宜達意令客戶滿意的解說。邏輯及誠意其實比起口才流利重要，與其口若懸河老王賣瓜，更多時候，講出重點直達客戶心坎才是重點。

其實，不論是演說能力或一對一交流能力，都需要透過公司內部培訓機會，常講，演練多了就熟了。

# 培訓必須定點、定時、定量

　　培訓,也是陪訓。主管要陪伴夥伴做訓練。

　　如果一個人本身不懂或不擅長一件事,他需要被培訓;如果一個人有相當程度了,他也一定要被培訓,那

是因為學習是沒有境界的，包括我們看奧運金牌國手，他都已經是「全世界」最強的人了，幹嘛需要培訓？並且誰有資格培訓他？

　　但實際上他就是仍需要被培訓，就算是冠軍也一樣還有後續，可以追求的更高境界，或者他也必須維持自己站在巔峰，不要走下坡。教練會培訓他，不代表教練比他強，而是教練可以旁觀者角度，看到選手本身的優缺點以及哪裡還可以再突破。

　　一個本身業績實力很強，但無法複製出第二個強者的人，不算管理者，因為他做不到基本的培訓工作，格局非常有限；若其他人業務成績沒他好，卻能培訓出三個業績很強的人，那他的影響力才是比較大的。

## 理論與實務VS.專業技能及文化

　　培訓是需要適應的，因此必須定時、定點、定量。

　　如果一件事是理所當然的，例如人本來就會張口吃飯，這件事不需要培訓。會需要培訓的，一定是超越我們本來所認知範圍的，才需要培訓。好比「跑」這件事不需要培訓，但「跑出職業水準」這件事需要培訓；認識一個商品的屬性，只要花點時間看說明書就好，但要把這商品認識很清楚並且要說服陌生人購買這商品，這

件事需要培訓。

*培訓需要適應，因為從零到一，需要調整。*

*培訓適應分成兩種：一種是文化上的，一種是專業技能上的。*

所謂文化上的，假如你今天是麥當勞體系出身的專業服務員，從後場到櫃檯你都會做，但後來你跳槽到漢堡王服務，那你依然要從零開始接受培訓，甚至要設法推翻以前的做法，因為麥當勞和漢堡王文化不同，培訓的內容也不同。

以阿旺教練團隊來說，賣的產品背後一定有公司文化，如果某甲來自另一家同性質的公司，來到我的團隊，就算過往曾經是主管級的好手，來到我們這家新公司，他就要重新開始學習新的企業文化和技術。

唯有先確認文化面的適應沒問題，才能談專業技能面的培訓。而在職場上，就算專業技能培訓也有文化問題，例如同樣在阿旺教練所屬的企業服務，我帶領團隊方式，可能就跟其他經理人帶領團隊的方式不同：我帶領的成員必須照我的方式做事，因為我必須培訓人員，而培訓要有共通標準。若不習慣我培訓的方式，但仍然很喜歡公司的產品，那可以跟我溝通，也是可以協助調換團隊的。

## 🏠培訓必須做到完美複製🏠

所謂的「定時、定點、定量」，簡單舉個例子，阿旺教練團隊對新人規定每天早上八點半，在公司正式舉行早會前要到辦公室，由我來召開新人早早會，由我親自授課教導業務基本技能。因此拆解如下：

定時：每天早上八點半。

定點：辦公室會議室。

定量：每次只專注一個主題。

為何如此？定時跟定點，是要建立紀律，阿旺教練不是隨機跟你說的喔！而是有規定好每周固定時間、固定地點，因此成員不能遲到，更不能缺席。這是一種紀律，並且阿旺教練都已經說好時間了，成員就該早早排入行事曆，不要用任何藉口說那個時段有其他事要做。

定量則是植基於主管的教學，要循序漸進，特別是對於新人來說，你不可能一口氣灌住他一百分的內容。如果有一百分想傳授的知識，那只能一次五分、五分，或十分、十分的講，一次講太多，新人無法記住，反而會搞混。

定量的另一個好處，是可以因材施教，每次只講一個主題，下次開會我問某甲，他確實了解了，可以進

階進入下一個議題，但我問某乙，他卻仍搞不清頭緒，那某乙不適合再往下走。若一整個需要培訓新人中，只有少數一、兩個這樣的人，就會委請團隊裡的資深學長姊，把這一、兩人帶開，另外複習上回議題，我則繼續教授全班下一個議題。

**會規定定時、定點、定量的原則，就是要形塑一種最佳的「複製」機制。**

務必要透過培訓，一方面把公司文化正確傳達，二方面把學員的技能提升，才能為企業帶來產能。

培訓跟輔導是不一樣的，比較起來，培訓是必須比較強硬，也就是「你必須要完全照這樣做」的意思；相對來說，輔導是個別成員有自己的做法，主管協助他改善得更好。

在組織裡，新人以及大部分人一定要經過正式的培訓，等後來真正做出成績，主管才配合輔導。那是因為一個基本道理：「如果你沒辦法做得更好，那就請你完全照我的方法」，也就是所謂的「聽話照做」。

培訓要做到完美複製，某個話術已經被證明最能傳達商品理念，那就請大家照這方法複製，並且要正確複製。

所謂複製，是指全方位的複製，包括觀念複製、言

語複製,也包括語調複製。

往往新人不明白複製的重要,自以為學到了,其實並沒有學到。

教練說:「你覺得這商品好不好?好在哪裡?如果是你,會不會想買?為什麼想買?」(說這句話時要適時結合客戶的同理心,讓客戶感覺與我們共同思考。)

學員的版本:「你覺得這商品夠不夠好?好在哪裡呢?如果是你呢?你會想買嗎?」

如果你是客戶,你覺得你會聽進誰的話呢?教練?或學員?

表面上這句話跟上句話差不多事實上,聽完上句話的人大部分可以成交,但聽完下面那句話的人,多半不會想要買。

為什麼差那麼多?因為當上面那句話不知不覺和客戶拉近距離,下面那句話卻是在逼客戶做決定,要他去回答:「夠不夠好?」而且加上說話時語句的不同,上一句以平順的敘述方式跟客戶一起反思,下一句卻因為「呢」、「嗎」這樣的疑問屬性,最終帶來客戶較不一樣且偏向負面的回應。

所以,複製,不能是教練講一套,任由學員自行亂發揮。而且為了怕難以管控進程,也不想讓學員貪多

嚼不爛。培訓，採取定時、定點、定量，是比較好的做法。

# LESSON 14
# 培訓從面談就開始

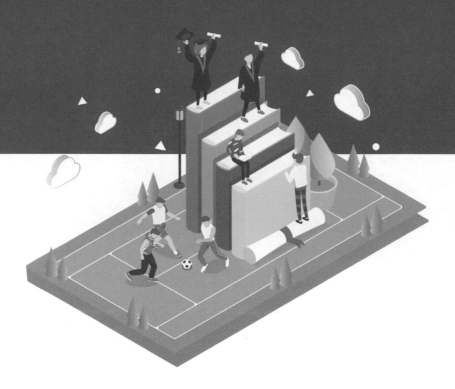

　　人才不會一出生就是人才,各個企業的王牌業務也
不是從報到那天就是王牌。所有人才一定都經過一段從
零到有的過程,包含每個奧運得獎的國手、各項技藝比

賽的冠軍，以及你我身邊在不同領域創造典範的人，都是被培訓出來的。

當一個老闆指責所屬夥伴能力太差，做事不到位。有三成的失敗因子要怪當事人夥伴，但有七成的錯誤應該是要怪老闆自己，因為本身培訓不力，才會讓夥伴無法成為人才。

## 🏠培訓與紀律🏠

團隊中每一個進來的新進夥伴，我們一定會先說明我們的鐵三角複製系統，並且PUSH參加每天早上八點半的新人早早會，讓新進夥伴了解我們是有架構、有系統、有紀律的團隊，願意進來一起打拚的。如此一來，他們才會先做好被培訓的心態準備。

任何一個能真正造就人才的培訓系統，第一要求就是紀律。也就是不管這個人本身天賦資質多好，學習力多強，但只要他不願遵守紀律，那就沒資格再接受培訓。在學校，就算是資優生也會因違反紀律被退學；在軍隊，嚴重違反紀律甚至會被判刑。

說起來，為何紀律重要？就是因為違反天性，任何一個人天生都是喜歡安逸舒服的環境，若沒有透過外力的督促，人很容易怠惰，所以才會說一個人若願意突破

自己，就叫做「跳出舒適圈」。換句話說，就是強迫做自己原本不愛做，但其實那件事對本身是有幫助的事。

一般來說，紀律分成兩種境界：他律以及自律。

初始每個人都是從他律開始，有些人是從小時候在家教下養成習慣，等到一人可以做到自律的時候，就比較容易成功。

通常一個成功企業家不會有賴床的毛病；銷售業績冠軍不會找藉口說今天想休息不做事；減重或戒菸有成的人也不會說「再一口蛋糕」或「再一口菸」就好。

自律就是就算沒有任何人監督，也不需有監視器，他依然會做到他被要求應該要做的事。

<u>**一個好的團隊，就是人人都懂得自律的團隊。**</u>

而這樣的團隊初始一定來自於培訓。

## ⌂達到真正培訓的3要求⌂

在達成自律前，有三個基本要求：

### ●要求1／要有標準

什麼叫紀律？八點到算紀律？還是八點半到叫紀律？

紀律又分個人的標準跟組織的標準，個人的標準例

如規定自己每天跑步半小時，那屬於私領域的事，非本書討論範圍，但一個優秀的團體一定要為成員設立一個組織的紀律標準，例如在阿旺教練團隊，會有參加會議以及每日基本十電五訪等等的紀律要求。

●要求2／要長期維持

為何許多的軍人退伍後，在民間應徵工作還是很受歡迎？因為他們已經長期養成紀律，包括做人做事的禮節，都自然而然可以展現出受過多年培訓的精準。在一般業務團隊，也會希望以時間換取實力。再駑鈍的人，若一件事被規定天天要做好幾遍，如此重複做了好幾年，也自然會變成好手。

●要求3／要有督導

自律前需要他律，那是因為由自己來做，可能一開始就動作錯了，或者哪邊規則沒搞通，新人一開始一定要接受主管督導，將「對的事情」養成習慣才有意義，若錯誤的事沒有在起頭時就糾正，而不斷把錯誤重複，那樣更糟。

事實上，這樣的錯誤一直發生在日常周遭，例如有人身材走樣成為小腹婆、有人長年走路彎腰駝背等，就是以為常態的維持這樣行為，但那不叫「紀律」，而是長期的錯誤範例。

　　因此在團隊裡，培訓機制很重要。培訓就是要把「正確的事情」讓你每天重複地做，並且希望久而久之，能夠讓一個人由他律變自律。

　　以培訓這件事來說，紀律只是其中一環，但卻是最基本的一環。除此之外，培訓的重點還包括技能培訓、知識培訓、特殊技巧培訓等等。

　　不論培訓的哪一個環節，傳承的重點都是：複製。

☑ *複製主管的動作。*

☑ *複製主管的話術。*

☑ *複製主管(矯正後)的每日紀律。*

☑ *複製成功者或前輩的思維。*

☑ *複製經證明有效的特殊技巧。*

　　可以說，一個好的培訓機制，就是把複製這件事做到最好的機制。反過來說，若培訓（不論短期或長期），最終沒能達成複製，也未能建立紀律，那就是沒有效率的培訓。

　　例如有的講習班，只要學員上課有簽到，學分期滿就能領到結業證書，半年後學員把上課的內容都忘光了，這不是培訓。

　　又或者，有的機構有常態的培訓機制，但所屬單位只是每年行禮如儀的派員參加，只求交差了事，不論企

業或學員都沒有太大收穫，浪費彼此時間，這就是名為培訓，實則只是組織內為消耗預算舉辦的假培訓。

　　培訓其實從一開始面談夥伴，邀請進來團隊一起工作時就可以開始。在面談溝通的過程中，就應該充分強調團隊的運作系統與該配合的事項，讓夥伴充分了解團隊的培訓計畫以及未來願景。面談做得好，就能篩選出對的夥伴與人才進入團隊，這樣團隊才會容易接受培訓與壯大！

　　以阿旺教練團隊來說，結合企業本身的培訓機制並絕對落實執行外，阿旺教練還為自己團隊量身訂做更進階的種種培訓，做的絕對比公司要求得還多，這樣才能造就專業的冠軍團隊。

　　有了對的學習態度，加上強大的自律，自動自發追求成功的習慣，這就是團隊要找的人才標準。

# LESSON 15
# 新人培訓專屬：新人列車

　　就如同求學時期，每個人有不同的教育模式：有人念中學升大學、有人念職校專攻餐飲或美髮、有人念軍校等等，培訓模式不是一視同仁的，總會依照不同人的

個別狀況調整。

但以業務培訓來說，有一點是共通的，那就是「基礎打底」非常重要，阿旺教練相信，一個人如果先做好扎實基本訓練，後續再適才適性的依個別進度逐步提升，才是培訓的長久之道。若一味講求速成，或許初始衝得快，好像短時間內吸收很多東西，但發展到一個階段就會感覺到「卡」住了，到那時候再來回頭找答案，往往已經太晚。

簡言之，從新人報到開始，那段時間非常重要，把新人培訓做對了，後續的各類培訓就會事半功倍。

## 讓新人快速進入學習循環

任何一個優質的企業體系，本身一定會有體質健全的培訓，以遠雄為例，不但提供很好的教室，以及各類師資，不論是房地產系統或者壽險系統，都有一個讓新人一進來就能從零開始逐步成長的機制。

企業本身提供的培訓環境很重要，但身為一個領導人必須懂得在這樣基礎上，做靈活的應用。

在阿旺教練團隊，有一整套專業的「新人列車」培訓計畫，基本上以一個月為期，特殊情況可能展延或細部調整，但整體的運作機制，就是讓新人可以建立扎實

的打底，並且讓他實際可以運用，從新人「轉大人」。這套系統結合原本的鐵三角運作機制，但又另外做了專門針對新人的培育規劃。

●密集教學的缺失

以業務工作來說，每個夥伴投入這樣的行業，都想要快速地賺取收入，畢竟，這是他選擇的職業。以這角度來說，新人培訓的速度必須要夠快，否則他會有一個很長的階段處在收入斷層。

但所謂「欲速則不達」，就算求快也必須採取有效的方式。常見的企業培訓方式，是採取密集教學，好比說給予新人兩個整天的集訓。然而這樣的模式有兩大缺點：

一方面，要一個什麼概念都沒有的新人，整天坐在教室聽課，往往一個課程還沒搞清楚又進入下一個，一天下來可能只記得最後一堂課的內容，早上的學習則忘光了，更別說進入第二天學習，可能第一天的部分也大部分都不記得。

另一方面，這樣的課程會有相當的限制，畢竟新人培訓都是按照梯次的，通常每梯次有固定時間，好比說可能每月一號、二號可能安排新人培訓梯次，那如果有新人三號才來報到怎麼辦？難道就得再等二十幾天再上

課嗎？業務屬性工作往往一年四季都需要增員，任何日子都可能有新人加入，他們必須很快地進入培訓機制，不能浪費時間空等。

●周而復始的培訓

阿旺教練團隊的做法，安排「帶狀式」的新人列車。

❶帶狀及規律：所謂帶狀，以一個月為循環，每周的周二到周四上午11~12點做新人培訓，每天一堂包含一個或兩個主題，一個月四周共12堂。基本上月月周而復始，就好像火車時刻表，按表操課。

業務的課程本就沒有一個硬性規定的邏輯順序，因此一個新人不論在一個月內的哪一天來報到，他都可以從最近的一天搭乘這班新人列車。無論如何，持續上課，就會上完一輪，完成一周12堂課，其上課時數約當兩天培訓的時數，但每天專注一堂，有助吸收。並且這樣的帶狀課程可以持續，第一個月上完，第二個月再繼續，直到新人確實進入狀況。

❷雙向培訓：這些課程其實是雙向培訓，也就是說不只培育新人，其實也在培育領導人。對新人來說，我們會有一個事規劃畫的課表，清楚條列好，好比說9月分一整個月的每周有哪幾堂課？分別由哪個老師授課？

周二教你如何市場定位、周三教你認識公司產品等等，一目了然，包含若主授課老師有臨時狀況，誰來當代理人，都很清楚。新人可以事先知道他今天明天及下周各可以學到什麼課。

　　而授課老師往往也是被培訓的對象，他們學的正是「如何教學」。在阿旺教練團隊都會安排核心團隊成員，開始去擔任新人列車的各堂課講師，只有特別重要的課才由阿旺教練親自出馬。

## 🏠新人教育重點🏠

　　其實，新人也是一種「概念」，不是單指剛到部門報到的人而言。學習是一種狀態，如果你對某個領域一直沒學通徹，那麼可能針對這門科目，你就還沒擺脫新人的狀態。

　　因此新人列車，雖然主力安排給新進人員帶狀式做學習，但也沒有設限，若有任何「舊生」想要針對哪門課複習，也都歡迎。這也是帶狀課程的好處，事先就有一個上課時間表，可以讓團隊成員，知道周幾有一堂什麼主題的課，也許你覺得對如何列名單這件事還是感到心有窒礙，那你可能就會選擇來上新人列車其中的這一堂課。

整體來說，就是要讓新人一報到後就「進入狀況」，讓他立刻投入密集的學習。因此，除了原本團隊的常態學習外，就是聚焦新人列車。

學習的重點就是定時、定點、定量。

*定時：滾動式的上課時程，每個月都有。*

*定點：都有指定的上課教室。*

*定量：一次一小時，專注在一兩個主題，不會灌輸太多內容。*

當然，團隊也不會讓新人隨機式的學習，而是採取漸進式，讓他了解什麼叫保險？怎麼去定位？怎麼去銷售？再慢慢熟悉商品相關。

基本功就是要扎實，不懂就要常上，一回生、二回熟，而且還要特別重視人才培訓養成的兩件事：一個是心態，一個是定位，因為這兩件事若沒學好，其他商品面技術面學再多也沒意義。因為觀念偏差了，後面的路會走得很痛苦。

### ●心態面：是服務不是銷售

必須時時提醒新人：從事銷售，等於從事服務。你是在分享你認同的、你認為真的值得推薦的產品，不是在「推銷」一件東西。

## ●定位面：認同自己做的事業，才能長久

要有清楚定位，才能建立地位。阿旺教練知道很多人加入保險或一些業務性質工作，都「不敢」跟親友講，連自己都不認同了，事業怎可能做得長久？

既然你是事業老闆，你要清楚定位自己，讓親友都知道你在從事這行，這樣的你充滿自信，人家有需求也會主動來找你。

基礎面的東西要打好，若沒打好，寧願再多花點時間，有時候學習的事不宜躁進。

# LESSON 16
# 專業行銷課程：
# M1、M2

　　任何職涯生存相關的學習，大致上分兩類，一種是
「師父引進門，修行在個人」，一種是「活到老，學到
老」。簡單說，前者是屬於體驗性質，後者屬於精進性

質。好比說業務溝通技巧，老師教你基本的溝通概念，實戰卻必須靠一個人自己的勤勞，例如每天拜訪五個人，一年拜訪一千多個人，溝通技巧自然愈來愈純熟。但許多本職學能的許多學問，卻必須精益求精，好比以保險及稅務來說，可能該學的東西百千種，加上配合政策及社會環境改變，必須與時俱進調整做法等等，這部分真的學無止盡。

以阿旺教練領導的是全台灣最大的房地產資產稅務團隊為示範，成員都必須很專業，自然都需經過專業課程的培訓。

## 🏠一整天的專業課程，打好基礎🏠

在阿旺教練團隊，為了精益求精，有時必須上一整天的課程，包括基礎的企業及商品定位認識，到如何具體為客戶做跟錢相關的服務外，還有跟保險、稅務相關的專業，甚至領導統御、公眾演說等相關的專業。

這裡先來談保險、稅務相關的專業，也就是我們所說的M1及M2課程。

「M」指的就是「Money」。

因為我們的核心專業服務，是跟錢有密切關係。

## ●M1：賺錢的第一堂課

以遠雄為例，這一整天課程主要是帶領團隊成員以循序漸進的方式進行，從基礎的定位認識到如何具體為客戶做跟錢相關的服務。

*第一節課，先認識自己的企業。*你要認同自己的產業、企業，進而更深入知曉自家的優點，才能跟客戶說明自己為何可以提供他最佳的服務。學習過程中，要多方了解自家有哪些實績，例如遠雄過往曾推過什麼建案？以及打造什麼園區等等。

*第二節課，進入商品認識。*也就是我們擁有的保險理財相關商品，在此不能只是「了解」而已，還必須做到可以「跟客戶說明」。課堂上會要求成員熟悉退休儲蓄等等的商品公版說帖，還要讓他們不要像背書一般念出商品特色，是要真正融入，並且認同自家商品。

*第三節課以後，進入實務操演部分。*這時會開始分不同角度切入，引領成員如何面對客戶真正談錢、談保險商品、談投資理財。這裡，我們會教導有關保單健診，以及如何帶領客戶清楚認知保險有四個象限：第一是壽險、第二是重大傷病、第三是醫療、第四是退休。

相信很多民眾其實對保險的理解都是片段的，特別是針對第四象限，也就是有關錢的部分，很多人是完全

沒有這方面概念，不懂得儲蓄理財這些事情對自己一生的重要。

事實上，阿旺教練相信很多保險從業人員，往往也都將主力放在健康及人壽方面，而不了解資產分配的重要。

但透過M1課程，團隊成員都會學到：人這一生不一定會碰到意外，但一定會碰到「老」這件事。既然「老」這件事一定會發生，怎麼可以不去做相關的規劃因應呢！這可是100%的需求啊！

並且非常特別的是關於理財需求，一百個人就絕對有一百種可能，不像壽險可以規劃多少保費，身故後可以領多少錢，或者重傷住院每日補助多少錢……等等，這些比較共通性，也比較好溝通。錢的事情，依照每個人的資產分配、資產性質，以及老後的需求不同，組合千變萬化。因此，在M1課程裡，訓練成員先是了解自家有哪些工具可以使用，然後再來設計如何針對客戶需求搭配，以及各自額度比例等等。

其實，與其要求成員們對各產品樣樣都懂，阿旺教練更強調聚焦，寧願成員們把一個商品練習講述一萬遍，而不是認識一萬種產品，每種都懂一點。

**_因此，M1課程就是理論與實務兼顧。_**

## ●M2：稅務課程班

關於「稅」這件事，是許多人一聽到就頭痛，但又不可避免會遇到的課題。

人們頭痛是因為不了解，覺得那些數字和法律規範很煩，那麼我們身為專業人士，就有責任透過專業以深入淺出的方式，協助民眾認識「稅」，甚至透過節稅來改善人生品質。要知道，理稅理得好，省出來的金額可能從好幾萬到百萬以上都可能，這些錢都可以用來讓生活更好，而不是莫名其妙的繳掉。

其實只用一天的課程，要成為稅務專家並不可能，但這並不是我們的目的，只需做到可以讓「稅與生活運用」達到最佳規劃就好。

**_因此聚焦在屬於金字塔偏高端的人，他們往往都會面臨兩大惱人的稅務問題：一個是房地產稅，一個是遺產稅。_**

基本上M2課程比起M1課程要更有學習挑戰，上課時還要準備小六法 (註)，要把房屋稅、地價稅、土地增值稅、房地合一稅等等的基本原則以及種種的規範限制罰則適用做法等，和上課夥伴一一釐清。

＊註：小六法是指將常用的《六法全書》法規編纂成小本法典，方便攜帶與查找。

　　M1、M2課程比較專業，一個月只開一次班。目前的安排方式是單月上M1課程，雙月上M2課程。每次課程錯過，下次就要再等兩個月，所以每次開課夥伴都要好好珍惜，最好那天先不安排客戶行程，專注一天來上課學習。

# LESSON 17
# 專業領導課程：
# L1、L2

　　相信在不同產業，會有各自類似M1、M2的課程，例如健康保養產業要上的是肌膚保養課程或營養類型課程，房仲產業要上基本的建築法規及住商辦等課程。

　　然而下面談的另一種課程，相信是各行各業都需要

的。

這就是L1、L2課程。

為什麼L1、L2是各個產業必學的專業呢？事實上，就算非業務性質工作，也需要學習L1、L2，這「L」就是「Leader（領導人）」的意思。

## 🏠平日的說話培訓🏠

在阿旺教練團隊裡，L1是初階領導課程，L2是進階領導課程。

這二者課程都有一件共通要做的事情，就是對眾人講話，不論是對團隊成員訓勉，或者和台下聽眾分享知識，很顯然的，這都不是純粹理論的教育，而是必須實作。

其實以阿旺教練團隊來說，並不會真正等到一個月一次的L1或L2課程才培訓演說能力，那只是一種聚焦式的集中學習。真正的練習，平常就在實作，並且是每天都要演練。

依照發表言論的時間，分成以下幾種培訓。

### ●一分鐘分享培訓

在我們平日二次早會結束，就會有一分鐘分享。而在平常許多的開會或上課場合，阿旺教練也總是找機會

讓團隊成員站起來講話。

在二次早會時，這件事是「每個人」都要做的，就就是要站起來分享心得。重點是要讓成員們「習慣」講話這件事，站起來時不要扭扭捏捏，說話不要嗯嗯啊啊的。講話講重點，不是打混亂扯一些感想就行，要能簡潔有力用一分鐘講述重點。

這其實不容易，成員們其實也都是一天、兩天、三天……長期下來才逐步可以抓住如何講話的節奏。

在所有演練中，一分鐘最常練習，也是每個人都要練的；相對的，更長時間的講話演練，就只有核心團隊成員參加就可以了。

阿旺教練在聽一分鐘分享時，除了要看看這個人剛剛有沒專心開會或聽課，主要關注在每個人如何消化及精簡他的論點。這對每個人來說，*除了練習膽量外，最重要的是練習「抓重點」*。畢竟走出公司大門面對客戶，可能對方很沒耐心，沒空聽你落落長的講述商品優點，所以你要一開口就能抓住對方的吸引力，才能建立溝通對接關係。

*在聽成員一分鐘分享過程中阿旺教練也在做人才觀察*，會留意誰總是很用心在這件事上，而誰總是想打馬虎眼應付了事。阿旺教練說過，大家來這裡是創業的，

我也不會去硬性管理每個人，若一個人不自愛，也就選擇不將培訓重心放他身上。

對於那些值得栽培的人，阿旺教練會適時提建議，幫助他們改善，同時，也會看著他們一次次分享後，愈來愈言之有物的成長。

●五分鐘表達培訓見證分享

五分鐘的表達，就不再只是簡單站起來發表感言那樣的程度，而是要有一段時間，大家聚焦在聽你講話，並且這時候你是肩負一定的使命，絕對不能漏氣的那種。

最常見五分鐘表達的練習場合，就是阿旺教練團隊舉辦的OPP講座（註），那時候與會的人可能有一半以上都是陌生人，其中就有未來的準客戶，或預計增員的對象。所以，這五分鐘的講話必須讓與會者印象深刻，通常是五分鐘見證，表述自己因為加入這團隊後來如何改善生活，或具體說明如何透過保險工作幫助到人等等。

*註：OPP的英文為「opportunity」，OPP講座多半指機會、創業說明會，活動內容通常由主持人開場，然後不同的講師輪流講解公司、產品、制度等方面，有時還會配合直銷商分享使用產品和事業心得，有時也會在現場提出促銷方案來激發買氣。

因為這樣的見證很重要，通常只能請團隊裡的核心夥伴來做分享。

在平日練習時，阿旺教練團隊會特別針對資深的核心夥伴建立一個邏輯架構，以便他們能很熟練且清楚的在五分鐘內講出「過去做哪一行」、「為什麼加入這團隊」、「具體的收穫是什麼」等等。

基本上能夠五分鐘侃侃而談，已經足夠有能力面對眾人講話。

●十五分鐘表達培訓關鍵發言或主持人

不論一分鐘或五分鐘，基本上都只是配角的概念，例如可能一場OPP，阿旺教練主講一段後，邀請資深成員起來發表五分鐘見證。

但到了十五分鐘表達，就已經是主角了。好比這一場OPP說明會，你可能就是主講人，其他人來配合你。

這時候的表達，基本上已經必須要搭配PPT簡報，並且扮演畫龍點睛的角色，也就是當邀你出場時，其說明表達可能就是讓客戶最終做出決定的關鍵一環。這些當然都是邀請我最信任的核心夥伴擔任。

通常阿旺教練團隊會每一、兩個月就辦一場OPP，這往往也是團隊拓展的重要會議，事先都會邀請很多朋友參與。

## ●六十分鐘表達培訓講師

六十分鐘就是一堂課，其實就是正式擔任講師的意思，在阿旺教練團隊裡，包括新人列車，或M1、M2及L1，都會適當地安排機會，讓核心團隊成員來擔任講師。而且這樣的課程，台上、台下都在接受訓練。

因為，當其他資深夥伴在台下時也會很認真聽，因為他們清楚知道，下回上台講課的人可能換成他。

擔任講師時，已經不是純粹看口才了，包括培養一個人時間分配及邏輯鋪陳能力（將課程分成幾大重點，每個重點要講述幾分鐘）外，還要培養一個人控場能力、隨機應變能力，以及如何培養自己的演講風格具備一定的舞台魅力等等，也就是學會讓別人喜歡聽你講話，甚至願意成交，也因此當講師者也往往擁有很高的成交率。

這過程是學中做，做中學。說實在，坐一旁盯場的我，有時候會忍不住想上台糾正講師說話不足的地方，但除非講師真的講錯了，否則阿旺教練會有個容錯的過程。因為阿旺教練知道必須放手讓講師自己發揮，就好像自己小時候學騎單車，家長不能時時在旁邊攙扶著，總要放手，讓孩子學會如何馳騁翱翔。

## 領導人課程及思維轉換

既然能夠擔任講師了，那樣基本上就已經具備公眾演說能力。

當然其實這之間還是有入門以及專業的差別，就好比同樣是學校上課，有的老師講課，台下睡成一團，有的老師講課，大家卻聽得津津有味，欲罷不能。

能講是一回事，講得好又是另一回事。

這些都還是要經過培訓。

### ●訓練領導人思維

L1或L2課程，都是一整天的課程。

以L1來說，教導的不只是領導統御的技術，更重要的是領導人應有的態度，包括如何以身作則？如何帶領組織發展？以及組織發展關鍵等等。

基本上L1課程，就是教導成員如何當個優秀領導人，這部分心態很重要，特別是業務工作，例如保險產業，很多人還是沒有從過往上班族心態轉換過來，總是以員工的眼界看事情，習慣會想著這也不行、那也不行，批評東、批評西的，但轉換成老闆心態後，就會想方設法的解決問題，原本沒用的東西也要想盡辦法讓它變得有用。

　　既然身為老闆，很多事情就會用不同角度去想。例如：如果你是員工，可能今天有點胃痛，或看到外頭滂沱大雨，心裡就會想打電話請個假吧！但若是身為老闆，你會這樣嗎？當你有一個團隊，今天有重要會議，你會想請假嗎？其實員工和老闆之間，只是轉換個念頭而已。

　　**_所以，思維落差，會成就領導人的格局與高度。_**

　　當然這樣的轉換也不是一蹴可幾的，必須密集的培訓，逐漸讓一個人習慣要以老闆思維看事情。阿旺教練團隊也都時常強調：若思維不轉變，你就是等著要被淘汰的人。當團隊不斷前進，大家也不會有空停下來等你轉換。但只要願意改變思維，即便一開始業績還沒起色，只要抓緊培訓的腳步，終究可以做起來。

　　阿旺教練團隊的一個口號就是：

　　**_只要不落隊，就會有機會！_**

　　所以大家快點跟上吧！

# LESSON 18
# 建立行政小組

　　領導人的培訓除了透過課程培訓方式，還有一種更生活化的方式，那就是直接透過組織編制，讓團隊成員進行領導管理學習。

方式是除了原本組織建置的主管編制外，阿旺教練還另外建立了行政小組編制。

舉例來說，王小美在體制內原本屬於李大明當初增員進來的，所以李大明是她直屬的學長，這點沒有變。但同時她可能被劃分到C組，組長是張小華。也就是說，王小美會有兩個照顧她的學長、學姊。

## 行政小組的理念

比起功能小組，阿旺教練所設的行政小組更貼近業務實務。因為，功能小組主力是在團隊工作的後勤支援，行政小組則是直接跟日常的業務進展有關。

具體來說，行政小組包含四大任務：

### ●任務1／布達傳遞

其概念類似在管理分層中增加一個層級的概念，有人說現代組織發展趨勢不是講究扁平化？甚至去中心化嗎？阿旺教練團隊怎麼反倒增加新的層級？

*其實這個層級並非正式編制，重點放在管理培訓歷練。*

以公司交辦任務來說，公司可能發布的是一個大方向做法，如何轉達給組員，其實視不同主管風格而訂，或者阿旺教練做了一個下周的團隊工作安排，但同時也

會觀察每個組長如何將指令布達及溝通。

●任務2╱教育指導

對每個組員來說，擁有另一個組長的好處是，他就有兩個管理者協助他。當然，原本團隊的氛圍就是互相幫助，但身為直屬主管的人能更直接的輔導成員。或者有人擔心，兩個主管代表雙頭馬車，若兩個主管命令不同，將造成組員無所適從。其實，行政小組本就是非正式編制的輔導系統，因此主力是照顧，而不是擔任指揮工作。

●任務3╱安撫激勵

以現實層面來說，行政小組組長和組員完全無利害關係，一般業務工作往往有從屬性，例如保險直銷或者房仲體系，都有組員的工作業績部分的金額會撥納給主管的制度，也因著這層關係，組員與主管間有責任和義務關聯，互動會比較嚴肅。有些時候組員反倒不願和直屬主管溝通，可能擔心自己想法和主管不同，或害怕主管會過度干涉等等。但面對行政小組組長就沒有這層壓力，因此行政小組組長更該扮演關懷及輔助角色。

●任務4╱觀摩學習

請注意，這裡指的觀摩學習不僅僅指的是學員，更主要的是指組長。意思是原本這些組員都是隸屬不同

的主管（或者是帶領進來的前輩，也有的組織稱之為上線），藉由擔任這些來自不同人所帶出來的組員，其實也可以觀察到這些人平日的工作模式，他們原本主管是怎麼指導他的？跟自己原本帶人的方式比較有什麼優缺點等等，這也是一種主管歷練學習。

　　同樣是培訓主管的概念，功能小組和行政小組切入點不同，比較上，功能小組像是學校裡的社團，藉由平日常態的服務性質工作，讓參與者不論是組長或組員都進入合作互動模式；而行政小組則類似學校裡的學長、學姊制，大學校園經常有這方面的虛擬家族，原意是安排個直屬學長姊可以照顧新鮮人學弟、學妹。實務上，這個環節沒任何硬性規定：有人家族互動親密，有人只是客套性迎新時做做樣子。在團隊裡的行政小組也類似這樣，差別是阿旺教練會介入督導，提醒小組長要盡到責任。

## 🏠行政小組的注意事項🏠

　　阿旺教練其實在規劃行政小組時，會給予任命的小組長深深期許：

### ●第一、團隊認可的楷模

　　不是誰都可以擔任小組長的，今天你被我指派，代

表你的業務實績以及平常的表現已經被我認可，也就是你已足夠擔任一個楷模，你要協助阿旺教練帶領團隊。

## ●第二、你其實就是個儲備幹部

許多企業應徵人的時候，都會以儲備幹部名目招募，但如果人人都叫儲備幹部，那就只是個無意義的虛名。阿旺教練則希望，儲備幹部就真的是「儲備」將來要當幹部的。但若依照公司制度真正要上升一個位階可能時間以年計，在我的團隊你擔任小組長就是個儲備幹部。

如前所述，行政小組長並非正式職，也不會有強制規定，但阿旺教練會長期觀察，*這攸關一個人的使命及責任感。*

如果一個小組長常態性的願意照顧組員，好比公司有什麼新商品推出，或新的競賽規定，他是不是積極地跟組員布達？效率多快？採用的方式是什麼？此外，組員有問題請益，他會真心協助，還是會說：「妳還是問你自己的主管吧！」

除了攸關一個人的工作心態，也攸關一個人是否準備好了要當主管——是只想獨善其身，還是願意視團隊為大家庭？

舉例：今天公司布達一個新的規定，像是疫情期間

辦公室內接待客人的規定，阿旺教練會先將規定用Line方式傳達給四個小組長，即使人在外地拜訪客戶，他們也會再繼續布達下去，這樣溝通就會很有效率。

當然，如果是很重要的事，阿旺教練除了透過跟小組長布達外，之後正式全體成員會議，好比說晨會時，也會再次提醒。但也只是提醒，因為正常情況下，人人應該都已收到組長指令。

此外，像外出參訪或者類似團隊國內旅行，小組長也會發揮很大的功能，可以委託小組長照顧所屬成員，而不需要由領隊操煩全隊三、四十個人的個別狀況，例如走失或碰到什麼意外等等。

阿旺教練也經常和小組長互動，了解他們初次帶人有什麼心得，或者這段期間讓自己了解還有什麼缺點要補強？例如不擅長對團隊演講，或不知道如何安撫成員情緒等等，並配合小組長的狀況，個別對他們指導訓練。

# LESSON 19
# 陪同見習

　　在前面談到團隊的五大成功關鍵時，曾介紹成功一大關鍵就是「下市場」，以新人培訓來說，透過見習與陪同，可以快速讓新人擁有真正實戰能力。

　　這裡也將見習與陪同做進階的說明。

## 🏠一對一陪同🏠

當新人加入團隊後,最基礎的學習,是新人列車,這時候的新人主要都還是處在理論學習狀態,真正的實務經驗培訓,大約從新人報到的第二周開始,會由直屬主管協助,訓練新人如何建立自己的市場定位,以及如何跟客戶溝通,建立「KYC」資訊。

所謂「KYC」,也就是「認識你的客戶」(Know Your Customer)的意思,這必須植基於一套有系統的對話演練,透過自然而然的交談,逐步認識你的客戶,好比說知道他的家庭、職業以及資產狀況。獲取KYC資訊的目的,以業務團隊來說,是為了能更加瞭解客戶的需求,讓團隊可以提供更貼切的服務。好比藉由這樣的資訊交流,知曉客戶很重視孩子教育,或者客戶有點擔心將來養老的生活安排等等,找到對的資訊,可以讓業務提出保單建議時,更能抓住痛點,更能媒合成交。

即便對資深業務來說,這都是需要經驗累積才能夠提高成交率,更別說是新人了。但對新人來說:「如何與客戶交流」這樣的學問,也不可能單靠書本閱讀獲得。最快的學習方式,還是做中學,跟著前輩的腳步,設法快速抓住重點。

## ●把握三個月的機會

一般來說，企業給予新人的適應期間是三個月，也就是新人該把握這段黃金學習期限，好好的做到陪同跟見習。

在阿旺教練團隊，是有安排一定的時間，亦即每周二下午做見習，由新人跟著主管下市場，看主管怎麼跑客戶，周四下午則是由主管陪同，新人自己約好客戶後，由主管陪同洽談。

這時間是排定的，除非有特殊狀況，否則不能更改。

在同一周裡，周二下午先跟著主管，看他怎麼聯絡客戶？怎麼做商品說明？怎麼解決客戶反對問題？怎麼Close一次談話？怎麼把文件簽回來？也包括事後怎麼跑文件？以及在甲客戶與乙客戶間，若有零碎時間，主管是怎麼應用？⋯⋯等等。簡言之，就是主管把他的一日工作方式「演」一遍給你看。

到了周四下午，換你來約客戶，並且這邊強調的，既然周四整個下午都排給你了，主管也犧牲原本可以拜訪其他客戶的機會，願意整天跟著你，那新人再怎樣也必須想方設法，在周四約到兩、三個客戶可以見面商談，光這部分也是一種訓練。等見到客戶後，再由新人

跟對方簡單寒暄，因為對方認識他，然後由主管做主談，或者新人自己還是可以試著談談看，若講錯的地方主管再來補充。

其實，若以新人適應期間三個月來看，共有12個周四，每個周四都必須邀約3個客戶，主管會協助新人洽談，光這樣就36個客戶，在主管幫忙下較容易締結成交，這樣往往也能幫新人業績打底。

在那三個月的過程中也可以看出新人有沒有心，如果始終找藉口說：「我是新人找不到人」，「是否只找一個就好？」或是什麼「這周四先不要排」等等的，這可以看出新人的企圖心，主管也可以藉此看出這新人值不值得栽培。

總之新人應該把握機會，主管也會不吝教導，但重點還是新人自己願意學習，願意投入心力。

●把握每分每秒演練

不論是見習或陪同，當然不保證一定成交，畢竟主管是人不是神，他成交率絕非100％，甚至也難以到50％以上。其實就像打籃球一樣，就算是NBA球星，也不是百投百中。重點是藉由主管豐富的經驗，能掌握各種面談的環節，也比較懂得如何面對客戶的疑問或反對意見，這些過程都是新人可以學習的。

　　另外，在交通路途上，新人通常在幹嘛呢？難道就只是悶著沒事看窗外，或緊張地翻閱文件嗎？

　　以阿旺教練本身帶新人來說，就會把握每個時間。好比說今天阿旺教練自己開車，新人阿明就坐在旁邊，在車上，阿旺教練就會要求新人演練一次商品公版：「阿明啊！你現在就把我當成客人，然後你對我講一遍介紹這商品的話術。」

　　然後拜訪完甲客戶後，阿旺教練會請夥伴回饋剛剛看到什麼？聽到什麼？訓練他們的架構和談話順序。在前往乙客戶的路上，阿旺教練會繼續出題目考新人，例如透過對練方式找出我的需求，或如何談話蒐集KYC資料。

　　阿旺教練的基本培訓原則，態度是最重要的，新人的態度對了，其他都可以訓練。例如周四的陪同，結果新人當天只約到一個人，但主管有沒有看到他真的努力打電話約人了，如果有，接著主管就陪新人來分析問題：

　　為何周四這天約不到人見面？

　　有可能名單有問題？

　　有可能心態有問題？

　　有可能人緣有問題？

　　反正一定有某個環節有問題，沒關係，主管願意協助新人突破困境，畢竟每個人進入新的一行都有適應期。像阿旺教練會跟新人說：「或許你過往比較保守，甚至自閉，但那是你的過去，但我請問你現在要不要改變？你想要成功，就要解決問題，因為就算你逃避問題，問題也不會解決掉。周四是難得的學習機會，阿旺教練我本人親自幫你跟客戶談事情，你約得到人見面就可以擁有這難得的機會。能不能把握？就看你企圖心有多大？」

　　實戰力很重要，在辦公室裡學那麼多，甚至都可以把公版話術說得滾瓜爛熟，也不代表實際面對客戶時能侃侃而談，那就好像打籃球，自己平常練習時可以投籃投一百次、一千次練準頭，但真正比賽人家可不會看著你在原地投籃，會有人抄球、有人想蓋火鍋，業務實戰也是如此。

　　**_無論如何，若新人有心，主管全力栽培，相信三個月的時間就可以感受到新人脫胎換骨。_**

　　這是最佳的培訓。

## LESSON 20

# 特戰班：M3 課程

在人才培育的最後一章，要來談高階的培訓。

這樣的培訓不是那種一天、兩天集中集訓，也不是融入在日常生活中的常態訓練，而是有主題，要長期投入的培訓，參與者必須有強大企圖心，願意犧牲短期的

休閒，換取受用無窮的長期戰力。

相信不同的企業會有不同的專業培訓制度，在阿旺教練團隊則有著M3培訓，為期四個月，一堂課都不能缺席，肯拚的才讓你進來。

## ⌂要有企圖心才能加入⌂

M3，顧名思義，跟M1、M2系列有關，「M」代表「Money」，*M3是淬鍊賺錢能力的最高階。*

或者用一個更易懂的術語，那就是特戰班。

阿旺教練會告訴願意加入的夥伴，如果都經過特戰班培訓，還不能因此改善你的生活，那就真的必須說你可能不適合這個行業。這是個嚴格競爭的社會，特戰班的磨練也會讓人深思你要怎樣的未來。

雖然經過這樣形容，令人想到會像兩棲特種部隊的野戰魔鬼訓練營之類的，但實際課程主要還是在室內上課，只不過阿旺教練也必須強調：真正的人生戰場，真的是很嚴苛的。

### ●只收20%願意打拚的人

在阿旺教練團隊，特戰班只邀請在團隊裡那20%願意打拚的人，條件有二：第一就是必須全職，第二要有強大企圖心。因為團隊不能停下來等落隊的人，覺得自

己已經落後的人就必須自己想辦法追上來，否則就是面對淘汰的現實。

M3課程為期四個月，在每周六用半天時間，當其他人在排周休二日假時，你卻要戰戰兢兢的面對教官給予的考驗挑戰，你的談話方式會不斷地被質疑不夠流暢，你的話術被要求持續校正，每周你的成績都要被驗收，到最後還有一個大驗收。

●**必須具備高度的抗壓力**

參加這樣集訓必須具備高度的抗壓力，因為真的有很多考驗要即刻應對，例如一對一的模擬業務與客戶，全場看著你如何回應客戶刁鑽的問題。

必須說明的，M1、M2課程是採取比較開放的方式，包括兼職的人員都可以來上。但M3就必須篩選，並且是要收費的。

特戰班的成效的確是顯著的，證據就是以2021、2022年為例，後來入選總公司業績競賽榜單的夥伴們絕大多數都是經歷過特戰班培訓的訓練。

## 🏠特戰班以及建立老闆思維🏠

表面上看，特戰班就是一個技能的密集訓練，只是因為平日排不出時間所以安排在周末。

但其實安排在這樣的時段是有另外用意的。

● **當老闆在培訓**

每個特戰隊成員，都把他們當老闆在培訓的，也就是他們要跳脫過往被管理被帶領的員工思維，讓自己成為真正可以獨當一面的老闆。

因為身為老闆，並擁有一家自己的店，如果假日人潮比較多，你會說今天是假日耶！我想休息嗎？

並不會，因為那是你自己的事業。

但如果你是受聘的店員，就會去計較假日不能休息，不能陪女友去玩，甚至你會去想著老闆違反勞基法等等，這樣就不是做老闆的料。

阿旺教練認識許多高端客戶，資產上億的成功企業家，他們周六依然會進公司處理事情，就是因為要顧好自己的事業。

所以特戰班安排在周末，也是*鼓勵夥伴們，跳脫員工思維，建立老闆思維。*

● **壓縮成員成功的時間，換更富裕自由未來**

而除了要建立老闆思維，阿旺教練也想要讓他們知道，在這產業服務，團隊追求的是：寧願辛苦5年，換得未來享受50年，也不要只當一般員工，看起來輕輕鬆鬆不用扛責任，卻終究得辛苦一輩子。

　　就是要壓縮成員成功的時間，當初他們也是經過自
己評估同意願意接受磨練，阿旺教練有責任要帶領他們
成功，用更短時間建立老闆思維，擁有更自由更富裕的
未來。

第3章 | 領導格局篇

# 成為優秀領導人，
# 你必須熟悉的 10 大準則

# 培訓好的領導人

　　怎樣的人才是最優秀的領導人？其實這是沒有標準答案的。

　　就拿台灣的頂尖企業家做比較，請問是郭台銘模式好？還是張忠謀模式好？答案是：只要能把企業治理好，都是好的領導。

　　關於領導很典型的案例，2011年一個被全世界公認最有魅力最有前瞻力的領導人過世了，這個人就是蘋果電腦創辦人——賈伯斯，他的領導格局是難以被超越的，乃至於當時受命當接班人的提姆·庫克被大幅看衰。就好比舞台上一個天王巨星剛唱完歌，後面的小咖歌星上場，再怎樣氣勢也永遠比不上的那種尷尬。提姆·庫克不被看好，因為他是跟賈伯斯完全不同的人，

被稱為保守、不具想像力，只適合承接命令，穩扎穩打
做事的人，卻不是可以建立願景，帶隊衝鋒陷陣的人。

　　但事實證明，最終在提姆‧庫克領導下，蘋果電腦
不斷攀升高峰，成為世界上身價最高的企業之一。

　　所以沒有一個放諸四海皆準的一定要成為怎樣的領
導人，才是「最正確」的領導人。領導沒有標準，卻又
非常重要，關係事業及商品的存續。

　　本篇僅提出好的領導人共通的幾個重要觀念。

# LESSON 21

# 以身作則，做好模範

　　領導人的種類其實很多，最簡單的定義，就是超過兩人以上的團隊，身為代表人那位就是領導人。領導人跟領導力一定有關，只是影響力強弱有別，例如公司派

　　一群工讀生去發傳單，指定一個小組長，他其實只是做為一個聯繫窗口，對組員並沒有什麼太大的指揮權限，但在工作當天他依然是個領導人。

　　相對來說，所有位於體制內被正式指派且長期擔任「頭頭」的人，是多少有些「權力」的領導人，他可能是大樓保全管理的主任、是裝潢施工的領班、是清潔垃圾車的車長，但也可以是高居全體超過十萬人企業集團的副總裁。

　　這裡所談的領導，除了包含業務統領性質的團隊Leader，例如保險公司處經理，或傳直銷公司的某一個體系大上線，也包含有關負責業務銷售領域的督導管理範圍，例如一家企業的副總裁，雖不是直接管理業務團隊，但公司業績跟他有關，也算是領導人。

　　比起一般的領導人，業務屬性領導人自己本身必須當個最佳模範。因為如果指揮別人做銷售的頭頭，卻從來沒真正去市場上賣過東西，那如何能服人？

　　這也就是為何許多傳直銷企業，真正帶領團隊的不會是公司的各級行政幹部，而是真正做到高聘的大哥、大姊們，因為在業務戰場上，只有自己顯出真本事的人，才能夠被夥伴真心追隨。

## 🏠一位領導人的基本精神🏠

你我都曾經當過員工，或者就算沒當過員工，也當過學生，被老師管教著。

員工或者學生的心態是怎樣呢？除了少數例外，多數人的心態會是「公司的事是公司的事，我的事是我的事」。

假設這裡有一個企劃案，今晚趕出來，明天早上公司就有機會拿到千萬大案，跟今晚與女友約會，這兩件事要擇一時，你會怎麼做？如果內心裡想著：「約會比較重要，最好公事不要耽誤到我下班私事」的話，那就是員工心態。

這裡不談勞基法或者各類公司規範，但純以心境來說，員工和領導人的差別，就是一個「只管自己」，一個卻要「顧全大局」。反過來說，一個人即便是擔任領導人，例如擔任課長，但內心裡「只管自己」，那他就不是個夠格的領導人。

其實最早，公司在選任領導人，例如一個部門的小主管時，也一定會觀察每個成員的心態：

☑是只管做好自己分內的事？還是願意站在團隊或公司的立場想事情？

☑是只管完成眼前的任務？還是會想到以中長期來看這件事適不適合？

☑是否除了做好自己的事，也會去關心整個團隊的進度？

☑是否平日有在意到自己的行為是否影響到他人？

尤其是最後一項，若想把所有事情攬在身上，以為可以討好到上司，卻忘了這樣會妨礙到別人的工作機會，這樣的人也不會被選任為主管，因為這樣的人當了主管反倒會激起全團隊反彈。

所以，想要當領導人，要讓自己站在老闆的格局思維。

看看各種產業，只要當老闆的，創業初期沒人在休假的。試想自己經營一家咖啡館，周六、周日會想休息嗎？甚至創業初期一連好幾個月都是不休假的，因為要把全部精神放進去，讓事業成功。這才是創業者思維。

阿旺教練也總是告訴團隊成員，要讓自己格局拉高，會去計較休幾天假、每天工作幾小時⋯⋯那是員工心態。今天想當個領導人，就要努力讓自己有老闆的思維。*就好比創業一樣，前面三、五年會最辛苦，但熬過這段打拚期，後面收入會非常高。*

你會賺到錢、賺到時間、賺到生活品質。

阿旺教練看到許多客戶，儘管身價兩、三億了，假日還是會去上班，因為他在意他的事業。員工關心休假，因為可能一周就只有那個時間可以休息，老闆則掌控時間，可以做到想休就休，但前提是前面已經努力幾年，打下了基礎。

所以阿旺教練團隊的觀念，周六還是要上班，老闆都在打拚事業，只有員工才一直想著休假，除非已經打好了被動收入的基礎。不過，周日則可以安排休假陪伴家人。

阿旺教練一直自己以身作則，團隊中優秀的成員也都如此。

## 關於以身作則，領導人應有的思維

請你思考兩個問題：

問題一：如果今天團隊有個烤肉活動，但你本身是吃素的，你要去參加嗎？特別是如果當天剛好冷氣團來襲，非常地冷，又下小雨，你還會去參加嗎？

有的人就會想：「我吃素的，大部分東西都不能吃，去了沒意思」。或者說：「我好討厭那種煙燻味，對身體不健康，何況又那麼冷的天，我才不去呢！」

以上這些都是站在「我」的立場。

● 讓成員心甘情願一起做

如果今天換個角度，你就是這個團隊的領導人，你還會這樣想嗎？你一定會想都不想的說：「一定要去，因為我有責任照顧我的團隊。」

所以，如果只會想著自己，就是根本沒做好當領導人的準備。

又或許現在的你尚未組建團隊，但想想將來開始增員時，團隊要辦個烤肉活動凝聚向心力時，成員每個人都有理由說不去，而你跳下去勸說時，結果他們回說：「聽說你以前也是這樣！」你是不是就無言了？

反之，若你告訴成員說：「我自己本身也是吃素的，以前團隊辦烤肉活動時，站在團隊精神，我還是有去！」這樣就很有說服力。

這就是以身作則的影響力。也就是說，可以讓成員心甘情願跟你做一樣的事情。

當每個人都願意跟你做一樣的事情，團隊不就建構起來了？

● 不找藉口，勇敢前進

問題二：如果今天你肚子有點不舒服，好像昨天吃壞東西了，你會請假嗎？

　　有時候，阿旺教練會接到這樣的電話，同事打來說：「今天身體不太舒服，可不可以請一天假？」或者「阿旺教練，我上午要去拜訪一個客戶，早上就不進公司了？」

　　如果你不是別人，而是這個團隊的領導人，你會打電話到公司跟員工請假說：「我今天身體有些不舒服，不進去公司了！」會這樣嗎？

　　除非真的身體很不適，當然就醫優先。但若只是昨夜沒睡好有些微頭痛，這並不會影響身為領導人的你，必須進公司，見見團隊，好安排每天要交代的任務及指導他們。

　　只有抱著員工心態的人，才會想方設法躲避工作，可能看到外頭下雨不想出門，或者天氣太熱也懶得動，總之員工心態的人很輕易的就可以找到藉口，告訴自己今天不適合去工作。

　　一個藉口很多的人將來有立場去說服別人嗎？　想當領導人者，必須要以身作則，擁有團隊隊長的高度，不只不會把任何小事當藉口，就算真的有阻礙，也會想法子去化解，因為他就是要當個模範。

　　唯有以身作則當楷模的人，才有資格當個領導人。

## 🏠領導，先把自我本位拿掉🏠

綜合以上關於領導的說明，就是做到「把自己拿掉，以團隊優先」的精神。

初始這並不容易，畢竟可能過往長期都是以自己的角度想事情，講話總是「我要這樣，我要那樣」的。

但要成為一個被敬佩的領導人，就要改掉這個習慣：**願意把「自己」拿掉，才會把私心拿掉，也才能客觀看事情，這樣才有辦法把團隊導入對的方向。**

以阿旺教練自己帶領團隊時的過往案例，以前開會或講課時，有些成員可能本身成績還不錯，但當他開始帶領自己團隊時，以為很多課已經聽過了，就喜歡坐在教室後面，美其名為「觀察」。但坐後面有個很大問題，就是離講師愈遠，也比較容易分心做自己的事，像是滑手機之類。先不談他是否真的對課程已經滾瓜爛熟了，但他沒考慮到的是，身為領導人，團隊成員都會以他為學習對象，領導人自己坐後面，成員當然也會有樣學樣。結果，這樣的團隊因為學習不深入，自然工作績效也比較差了。

阿旺教練知道後，直接督促這位領導人坐前面，但對方辯稱他其實想坐後面忙自己的業務，我就告訴他

說：「如果你習慣坐在後面做你的事，那你的成員也會學你。但想要團隊變強，夥伴是否要專心學習上課？答案如果是肯定的，那你希望夥伴們坐前面？還是坐後面？如果你希望團隊好，就請親自示範，自己也要坐前面。」

其實若有機會去參加一些企業的重要場合，總是看到各公司會議時，高階領導人總是坐第一排，就是為了要當員工學習楷模，而潛台詞就是：「我們這些主管們都這麼認真了，你們也要跟上」的意思。

178

# 鍋蓋法則及水桶理論

　　領導人需要格局，因為領導人影響著整個團隊的運作。

　　現代人經常呼籲系統的重要，因為若能建立一個好的系統，就能源源不絕打造企業財富。但其實在系統之

上，還是要有個優秀的領導人。首先，這個系統可能就是該領導人打造出來的；再者，就算有個系統，也必須要懂得活用，畢竟面對不同的環境，就要做出不同的判斷，才能帶領團隊前進。

假設在不受外力干擾下，讓蘋果電腦、台積電以及鴻海集團都保持現在業績，只是明天起換個平庸的領導人，你覺得業績還會保持住嗎？或者你會認為這些企業集團系統已經很完善了，根本不需要憂慮接班人問題？但事實上，只要領導人不對，公司運作就會出問題，別的不說，光公司員工人心惶惶以及投資大眾不安的這件事，就非任何系統所能控制。

所以領導人還是團隊裡最重要的一員。

但領導人需要格局，因此簡單介紹兩個跟領導人有關的法則及理論：鍋蓋法則及水桶理論。

## 🏠鍋蓋法則🏠

### *領導人的高度，決定了團隊的高度。*

鍋蓋法則，重點在於那個「蓋」字。做為領導人，就代表占據鍋子的最高度，也就是那個蓋子。蓋子的意思是什麼呢？就算鍋內有什麼東西，最多也只能高到蓋子的位置。所以鍋蓋若只有80分的高度，就算團隊裡有

100分的人才，他最高也只能被壓在80分的高度。

這裡指的是領導人的氣度。

●你是低鍋蓋的領導人？

一個領導人不一定要是全隊最厲害的，但依然要有一定實力，他可能業績能力90分，但團隊裡有個100分人才，該怎麼辦呢？而這裡的100分指的不單單是業績額度，也包括思維想法。

所以，當團隊裡有人有新的意見，做為領導人願不願意用心傾聽，並且適度採納？還是說一切「以我為準」，要你怎麼做你就怎麼做，別給我囉嗦呢？如果是後者，又稱為「低鍋蓋」的領導人。

基本上這類人，最常見的口頭禪是「不行」、「不准」、「公司怎麼規定你就怎麼做」。

而這類「低鍋蓋」的領導人又包括兩種人：一種是中規中矩，一切照公司制度走，但他忘了公司當初訂定制度時，依照的是當時的社會環境，現在都已經走到雲端大數據時代，是否許多的規範可以因應特殊狀況轉變呢？

另一種人就是單純剛愎自用，不喜歡聽底下人的意見，認為大家都不如自己。所以他會請大家不要自作聰明，如果對方那麼厲害，為何今天當主管的是他，而不

是那個提出異議的人？

●領導人要懂得決斷及說服

當然，並不是有人提出新的意見就接納，那還需要什麼領導人？

反正底下有意見，領導人就照做，那由下面領導上面就好。

**所以身為領導人，既要有一定氣度與格局，又要懂得決斷以及說服。**

例如聽到新人異想天開的說：「要找很多客戶，那下周百貨公司周年慶，我們直接全員帶隊去那邊發傳單攔截客戶就好！」身為領導人不需要一口氣否決，而是先稱讚對方：「小李啊！感恩你願意動腦思考怎樣開發客源，光這點就值得大大嘉許你，但這裡也必須跟你說……。」

領導人也要有一定的胸襟，可能一個新人還真的提出一個很棒的點子，那就大方承認：「連我這個主管想都沒想到的事，卻被你想到了，你真是智多星。」

## 🏠水桶理論🏠

水桶理論，又叫「水杯理論」，基本道理也是跟鍋

蓋法則差不多，是攸關領導人本身的特質，但比較上，水桶理論更貼近領導人的能力。

所謂「水桶法則」，就是說桶子若只有這麼高，那裝再多水也沒用，高出來的水通通流光了。也就是說，這個領導人的總體實力就只有這樣，但不該因此就限制整個團隊發展。

好比一個球隊，若老是戰績不佳，第一個要換掉的可能就是教練，因為這個教練讓這整個團隊就只能限制在某個發展格局，無法突破。

從水桶理論延伸，還有兩個關鍵領導學：桶板理論及桶寬理論。

●桶板理論

看一個水桶，是由一片片木板組成的，假定周邊木板不等高，那會如何呢？代表水最高只能滿到「最低的那塊木板」，就算桶再高，只要有一片木板特別低，水就一定從那處缺口流出去。

這代表領導人，必須掌控好團隊每個元素，如果只關照幾個人，而忽略其他人，那整個團隊戰力會被那些較弱的人卡住。或者團隊運作，只一味關注業績，卻忘了照顧夥伴心情，那就好比木桶的木板中，有某一塊沒被照顧到，特別矮的那塊，就會導致團隊戰力流失。在

團隊中我也時時提醒，看人看優點，做人溫暖點，讓自己可以關注到團隊每個成員。

### ●桶寬理論

一個木桶可以裝多少水，關鍵不僅在於高度，也在寬度。例如一個腰身較寬的木桶，也是可以裝比較多的水。

這裡強調的就是身為領導人，心胸要夠寬大。

*第一、能包容不同人的個性：*以業務性質工作來說，成員真的可能來自四面八方，個性有較敏感的，有性子急比較衝的，面對不同的夥伴，領導人都要能包容。

*第二、能採納不同的意見：*有的人意見是錯的，有的人意見是中肯的，也有的不完全對，但某部分可取，領導人都要能分辨。

*第三、能收能放：*領導人要有威嚴，對於成員犯錯要能清楚指出，但也要做到，公私分明。罵完成員，但不會否決他的其他面向，下午該成員提出的活動計畫，你依然可以跟他熱烈的討論。

基本上要讓自己當個理性與感性兼具的領導人，如同這個木桶，有容乃大，且沒有缺漏。

這是每個領導人該努力的目標。

## 🏠樂於學習,開拓眼界🏠

　　這裡也要強調的,不論是鍋蓋法則或水桶理論,指的不單單是經濟角度的思維格局,更包括整個人的學習成長境界。有句話說:「貧窮限制我們的想像」,如果在原本腦海中的世界,因為過往學習經歷的侷限,就只有那麼多內容,那你的鍋子自然就很淺。

　　有人說有錢人的世界難以企及,不是說有錢人說得都是對的,但的確有錢人因為有錢可以參與的事物更廣,好比說光以車子來說,一般人可能就難以想像動輒千萬的跑車,開起來是怎樣的感覺。

　　如果對這也不懂,那也不懂,我們的想像力就容易被困在思維淺灘中,再怎樣也難以翻出新把戲。***關鍵的突破就是要學習,知識落差或許限制我們想像,但勤學新知就可以提升自己境界。***

　　身為團隊領導人一定要樂於學習。阿旺教練除了自己不斷學習,也經常在團隊提醒大家,有空要常閱讀多上課,提高自己的鍋子內容,讓自己格局更高。

# LESSON 23
# 領導人的捨得法則

　　某天，阿旺教練一個客戶引薦他同事見面，想對自己的保險做規劃。聊著聊著，談到他是某所大學畢業，並且記得某個朋友，好像也是從事保險工作。就是那麼巧，他說的那個朋友，也是阿旺教練團隊的一分子。

阿旺教練沒有對他隱瞞這件事，甚至還主動提議下次可以帶他朋友來見面，於是下一回他們兩個朋友相見歡。關於這張保單，阿旺教練也建議就讓他的朋友來承接。

後來客戶跟阿旺教練說：「好可惜，竟然把一個現成準備簽約的訂單，轉讓給其他人。」我跟客戶說：「我不會覺得可惜，把這機會轉讓給自己團隊成員，代表著那個新客戶有兩個業務為他服務（我跟我那個團隊成員都可以為他服務），雖然業績不在我身上，但同樣是隸屬我團隊的業績，我覺得這樣很好。」

所謂「有捨才有得」，對於領導人來說，這更是領導一個團隊應有的高度，若身為領導人還在跟團隊成員斤斤計較：「那業績該是我的不是你的」，那樣真的很小家子氣，就算爭得業績也失去尊重。

## 🏠心態決定一切🏠

領導人跟普通的業務，差別不在年紀，也不在誰收入多寡，而在於誰站在一個更值得學習的高度。

也許那過程只是個儀式，例如昨天是個冠軍業務阿旺教練，今天被公司賦予新職擔任一個團隊的領導人。但職務變了，我依然是原來的那個阿旺教練，業績實力

不會一夕間躍升，可是責任卻立馬加重。擔任領導人就代表著：不只是為你個人成就努力，還要照顧好一群人，激勵他們努力，也協助他們創造成就。

● **擁有領導人的心態**

簡言之，你要擁有領導人的心態：

☑你不是要追求個人利益最大化，而是要追求整個團隊達到最好狀況。

☑當團隊利益與個人利益有衝突，身為領導人必須先照顧團隊利益。例如：前面案例，自己的業績數字跟帶給團隊成員商機，你要選哪個？領導人選擇照顧團隊成員，而非自己的荷包。

☑身為領導人，你必須盡力為團隊福祉付出，不能再只顧自己。例如：你今天的預期任務都已經達成，但你還不能回家，因為團隊新進成員還處在卡關狀態，你有責任協助他度過難關。

☑身為領導人，你可以貫徹自身意志，但也必須照顧團隊意見。例如你覺得年度夥伴旅遊建議去墾丁（因為你多年前就想去可是一直沒空去），可是讓夥伴自由投票結果，大多數人想去花蓮。你可以用領導人權威強制大家去墾丁，但阿旺教練絕對尊重團隊多數意見，否

則這領導人未來也難讓夥伴真心追隨。

### ●轉換心態：從照顧自己變成照顧眾人

轉換並不簡單，但領導人還是必須調適心態，要讓自己開始站在為自己團隊成員福祉著想的立場，而不要去想：「我自己一個人業績都衝得好好的，結果帶了你們這群成事不足敗事有餘的菜鳥，『拖累』了我。」

如果一個人心態總是轉換不過來，那就好比爸爸跟孩子在爭桌上的雞腿，結果盤中只剩一根雞腿被孩子「搶」走了，那樣的爸爸會讓在一旁的媽媽也覺得丟臉。

相信有許多業務性質的單位，也並不強制一個菁英業務要轉型擔任領導人，但以生涯規劃來說，阿旺教練仍建議，要試著提升自己格局，讓自己從照顧自己變成可以照顧眾人的人。

## 有捨才有得

其實嚴格來說，不該有「捨得」的想法，而是從一開始就不該認為自己是犧牲者，好像自己很委屈，必須把自己的東西讓給屬下。

現在，就事論事地來談「捨得」這件事。

以前面說的，阿旺教練把新客戶轉讓給同仁的例子，這是一種捨得短期利益，換取將來長期效益的方

法：

　　<u>第一、你在團隊眼中被提升了高度：</u>阿旺教練團隊老大好樣的，業務能力強並且還願意把業績轉給團隊。

　　<u>第二、你種下了感恩的種子：</u>那位被阿旺教練介紹新客戶的成員，心中會感恩我。做為回報，他會更努力地去開拓新業務，於是他成長了，整個團隊也成長了，這對阿旺教練來說不正是更好的結果？

　　領導人要捨得什麼呢？

## ●捨時間

　　以前時間都是你自己分配的，但身為領導人要記得，你要撥很多時間給團隊成員，你要教育他們、輔導他們，替他們解決問題，甚至當他們傷心難過時，你要花時間安慰。

## ●捨利益

　　這裡指的是金錢利益，以業務範疇來說，就是業績獎金。許多時候一個人單靠自己能力每月收入可以很不錯，帶團隊反倒沒空跑客戶。但你必須捨得這樣去計較每月收入，當你把團隊帶大帶到很強，彼時你收入反而更高。

## ●捨喜好

　　領導人不能我行我素，必須照顧好團隊，甚至有

些情況，例如你本身可能吃素，但團隊假日要去烤肉，你去不去？身為領導人你當然要去。去山上不吃烤肉就好，也可以烤蔬菜，或自備乾糧上山。

●捨功勞

看著團隊成員上台領獎，領導人要衷心感到高興，不要內心OS著：「其實還不都是我的功勞？」領導人要壓下自己本身過往的光環，去成就團隊整體的成長。

也許在某些時候，身為領導人的你，覺得自己總是吃虧，平日總是自己掏腰包請同事吃飯、好心教導同仁還私底下被罵無情等等。如果每天要想這類的事，只會愈想愈委屈，愈工作愈不快樂。

要想著「有捨必有得」，你把自己的資源讓出來了，讓團隊成員有機會將原本資源創造更多資源，你原本是一人戰力，可能一下子成為十人戰力。

你可能犧牲金錢時間，但最終換來無價的回報，阿旺教練相信類似「忠誠的心」、「感恩載德」以及「士為知己者死」這類的夥伴心境，絕對是千金買不到的。

*捨得付出，甚至一開始也不心存想要任何回報，到最後可能得到最多。*

# LESSON 24
# 領導人的公開法則

　　領導統御是一門學問。

　　夥伴A，上個月業績不佳，成績墊底，領導人該怎麼對待？要公開場合糾正他嗎？還是私底下指責？

　　領導是一門學問，因為一個錯誤決策，可能讓原本

小事化大。好比說有人犯錯你公開指責，讓他覺得很沒面子，心生怨懟，這樣就不好。但如果不講他，他又老犯錯，讓領導人很頭痛，該怎麼做呢？

## 獎賞與指責都公開透明

公平是最重要的。

如果成員A上月成績墊底，你單獨把這件事拿出來公開指責，讓他下不了台，可能會有反效果，他甚至可能羞憤難平當天就遞出辭呈。

但如果這個制度是常態，並且你賞罰分明，那就沒這樣的問題。

阿旺教練每個月都會針對團隊的業績做公開的讚揚或糾正，例如：一月分開會時說：「B先生和C小姐，成績稍稍落後你們要加油！」到了二月分時：「D先生跟E小姐，成績不如預期，你們要改進。」那麼當三月分我說：「成員A成績墊底，要來好好檢討！」時，你覺得他會羞憤難當嗎？當然不會。因為他知道阿旺教練行事公正，不是針對他。

並且公開指責有以下三個必要性：

●必要性1／掌握團隊進度

任何業務性質團隊，都要持續關心整體業務進度，所以每月公開這些事是必要的，也讓同仁知道：「原來其他人成績不錯，我上月真的太怠惰了，必須改進。」

●必要性2／找出問題點做為借鏡

如果有人犯錯，例如原本已經準備簽約的客戶，最後因同仁某個錯誤導致對方不想簽約了，或有人搞錯公司請款流程，被總公司糾正等等。這些事講出來也讓大家知道要改進。

●必要性3／刺激以後不要犯錯

被公開指責當然當事人不好過，那怎麼辦？當然就是下回小心點，不要再犯錯了。比起私下勸導，公開指責更能約束人們要把事情做好。

但公開也要做到平衡，當你這月表現不好，會被糾正，例如可能阿旺教練在台上說：「陳小明你成績墊底要加把勁喔！」相對地，當同仁得到榮譽了，業績提升了，或者原先業績很差，這月比上月進步了，這些也都要公開表揚。

*有賞有罰，好事壞事都公開，做到公平，就會有正面效果。*

## ⌂公開與不公開的分界⌂

阿旺教練為何強調公開原則？其實曾經阿旺教練也只想做好人，在公開會議場合只表揚成績好的人，不去談有犯錯的人。

但不提不代表犯錯的人沒事，阿旺教練依然要講他、糾正他，但一旦場合錯就容易發生狀況，例如我糾正一個人，卻變成「我私下說別人壞話」，這種事以訛傳訛，反倒帶來團隊內部很大困擾。

### ●公開糾正，減少以訛傳訛

於是，阿旺教練後來轉變成公開討論，也讓大家養成習慣。例如：阿明，你的服裝儀容要改善，這樣看起來不夠專業，怎樣打理可以請教阿美；阿華你的產品說明方式像是在念稿，客戶可能感覺很假，建議你回家多多演練話術。

這些事公開談論，當事人也願意改進。倘若阿旺教練私底下跟團隊成員說：「你出去談生意要整理一下儀容，不要像阿明那樣有點不修邊幅。」那這件事傳到阿明耳中會怎樣？一定很不舒服。我若時常這樣私底下評論同仁，那聽到我講話的人也會心想：「主管今天講某某人的壞話，是不是在其他人面前也會講我壞話？」

　　成員心中對主管有了不信任，那團隊就沒有向心力了。

## ●公開表揚，榮耀被看見

　　但依然有些事不適合公開談論。

　　基本上跟團隊共通事務有關的包含業績、工作方式、觸犯公司規範等等的，要公開糾正，目的是為了當事人好。但若有些特殊狀況，像是牽涉到同仁私人狀況，例如：家中鬧離婚，或同仁本身私事影響公事，又好比同仁去追公司行政小姐等，這類事情就不宜公開場合討論，而比較需要領導人私下介入去瞭解及處理。

　　怎樣做分野？其實並沒有一個明確規範，這也考驗著身為領導人的管理智慧。

　　基本判定原則，還是攸關領導人高度，當領導人站在為整個團隊好，為同仁發展好的角度去看事情，自然會做出較好的判斷。

　　在阿旺教練團隊經常有機會做公開表揚，重點不在有沒有禮金或者是獎項是否貴重？就算是簡單的百元、千元禮券，收到的人也很高興，因為是種榮耀。

　　重點是採取公開表揚，讓他的榮耀被大家看見。

　　團隊不論各種職級，主任級也好，襄理級也好，得到第一名，除了公司的榮耀外，阿旺教練一定還會另外

頒獎。

　　另一種榮耀形式，就是讓當事人上台分享。只要有任何一筆成交，阿旺教練就會邀請同仁上台做3分鐘成交分享，讓他覺得達成這個任務，大家都願意為他喝采。

　　有了榮耀，就更有繼續往前打拚的動力。

# LESSON 25

# 領導人該如何御人

　　歷史上有許多知名的將軍，他們武力非凡，可以「以一當十」，甚至「以一當百」，但武力愈強的人就代表領導力愈強嗎？並非如此，例如曹操身旁大將典韋，

被視為三國三大猛將之一，不過他沒有帶兵打戰，而是擔任貼身侍衛。

提起領導，漢初名將韓信可以統兵百萬，甚至有一次他的主公劉邦問他說：「如果由我來帶兵，可以帶多少兵？」韓信回答：「頂多可以帶領十萬兵馬吧！」劉邦又繼續問：「那你韓信本人呢？」韓信自信的回答：「多多益善」。

所以韓信比劉邦更有領導力嗎？

非也，當劉邦反問韓信：「為什麼可統領百萬的將軍，卻被只能統領十萬的君王領導」。韓信回答：「陛下雖不善統兵，卻善御將」。

所以，擔任業務團隊的領導人，要把每位業務同仁看成是業務戰士，是可以拓展戰場的將軍，領導人要能將這些人才的潛能都誘發出來，帶起團隊業績，那才是最優秀領導人。

## 🏠帶人要帶心：建立你的核心團隊🏠

許多時候，人們做事想要面面俱到，這想法很好，可是在管理上無法落實，那是因為，管理本就不能是面面俱到的事，就好比我們身邊永遠有人認同我，有人不贊同我，我們不可能討好所有的人，管理

上更是如此。

　　一個團隊裡，一定有表現較佳的成員，以及表現較差甚至根本心不在此的人，如果把心思放在「所有人」身上，只會把主管搞得很累，但團隊戰力反倒變差。

　　**_這裡強調的是，應該把焦點放在「值得栽培的人」身上，建立自己的核心團隊。_**

　　而對於凝聚團隊向心力一個很重要的做法，就是建立核心團隊。也就是說，屬於核心的人，我願意特別照顧。為什麼？ 因為他們值得。

　　這帶來的二種效應：

　　❶**_對於正向積極認真的人來說：_**他們得到肯定，有了榮譽感。否則，若努力的人跟不努力的人，大家結果待遇都一樣，做事就不會有幹勁。但這批人現在被列為核心團隊，就會鼓舞他們士氣，更加將士用命。

　　❷**_對於尚待努力的人來說：_**有了核心團隊，也會締造一個目標，讓他們知道，自己必須再加把勁才能加入核心團隊。

　　如此，不論是對於優秀的人才，或者資質較差的人才，領導人都有照顧到他們的想法。

## 🏠利他再利己：做好自身楷模🏠

這世界很多的紛紛擾擾都來自於人們的自私，一切只想到自己。組織的運作，能不能夠和諧，也在於領導人的氣度。一個好的領導人，必須要形塑一種團隊共識——**大家都追求共好，喜歡幫助人，團隊氣氛是互助合作的氣氛。**

在團隊裡，最簡單的利他，就是做一件事前，先想著這件事是否可以對團隊有幫助？還是只對自己有幫助？

最好情況自然是既對團隊有幫助，又對自己有幫助。或者對自己有幫助，但也完全不會傷害到團隊。

較差的情況是，做某件事只對自己好，但對團隊有不好影響，那就是錯誤示範。

舉個常見的例子：在阿旺教練服務的企業，每月都會有專業的講座，歡迎同仁們邀約朋友來參加，這也是一個重要的增員場合。

今天某甲說：「自己沒有介紹人來參加講座，而講座內容我以前也聽過了，所以選擇不去參加。」那就是一種自私的心態。

因為他忘了，參加講座不只是一種知識學習，也代表著一種團隊精神。如果每個人都只顧到自己，認為「以前聽

過了，不必再參加」，久而久之「每次」都不參加，那麼其他人，特別是新人，絕對是跟資深前輩有樣學樣：「反正學長也常不參加，這樣沒關係吧？」這樣帶來的負面影響，會摧毀團隊士氣。當團隊辦講座，活動都沒有人來參加，那團隊還有用嗎？

而且，將來某甲若有機會發展他的組織，底下成員也都是這樣的心態：「反正主管以前也都這樣，我也比照辦理，除非剛好有帶朋友，否則講座我都不參加。」你覺得團隊會壯大嗎？

自己都無法變成楷模，自私的習慣也會被「複製」下去，這可以說是最糟糕的複製了。

其實，阿旺教練帶領團隊多年，發現到**人性是可善可惡的，端視領導人的風格。**一個從上到下，都願意利他的團隊，自然塑造一種利他的風格，成員們不僅僅在工作上如此，在自己個人生活領域也會是如此，變成一個受歡迎的人。

這也是阿旺教練團隊成立以來形塑的共好文化。

## 🏠DISC法則運用🏠

領導人若只懂一招半式，反正對任何人都公開、公平、下同樣命令，那就不需要什麼領導力了，反正只

要懂得將公司政策貫徹宣導，照本宣科要底下人照辦就好。

但實際上，領導人在管理公平性上雖然要一視同仁，但對每個人的管理方式卻必須因材施教。好比三國時的劉備，對於個性莽撞的張飛、個性嚴謹有些不知變通的關羽，以及對待懂得臨機應變的趙雲，下達命令以及交辦事情的方法就不會一樣。

關於領導人如何御人，坊間有許多相關的「識人學」專書，但阿旺教練這裡推薦「DISC人格測驗」是一種不錯的應用工具。

所謂「DISC」，是簡單透過四種不同的性格來解釋人的情緒反應和行為風格，分別代表著「Dominance（支配型）」、「Influence（影響型）」、「Steadiness（穩健型）」以及「Compliance（分析型）」四種人格特質，並且一般會做個形象化，分別以老虎、孔雀、無尾熊、貓頭鷹做代表，例如說陳大明是無尾熊型的人等等。

當然，這只是一種大致的分類法，人的個性無法那麼明確分類，可能有人表面上豪氣干雲回到家卻抱著棉被哭泣等等，但基本個性是不會變的，不會今天是老虎型，明天變成無尾熊型，後天又變回老虎型等等，一般

人都會是不同型的混合，例如陳大明可能50%無尾熊性格，20%孔雀性格，其他兩種各占10%等等。

必須強調的，沒有哪一型的人比較好或哪一型比較不好，只有如何適才適用的問題，基本上：

☑**對老虎型的人要給適度授權，給他一個戰場。**

☑**對孔雀型的人要經常給讚美，給他舞台展現。**

☑**對無尾熊型的人要多鼓勵，讓他有團隊參與感。**

☑**對貓頭鷹型的人要以理服人，用數據讓對方相信。**

總之，最好的領導人，是最善於發揮每個同仁專長的領導人，前提則是要有充分的理解，否則若連自己團隊的成員個性都不認識，又怎能做到「知人善任」呢？

此外，談到不同個性的團隊成員，也是要鼓勵每位領導人，**要有海納百川的包容力，這樣團隊才會愈茁壯，領導人也更能創造更大格局。**

## 🏠兩則案例見證分享利他精神🏠

最後，阿旺教練也來分享兩個以利他精神帶領團隊的案例。

●**案例一：讓利夥伴，讓他願意無罣礙跟隨**

有天，團隊裡的夥伴A來找我，跟阿旺教練談到這

個客戶甲，剛好是現在鄰居，因為聽說客戶甲認識我，所以她想問說可否跟我一起合作洽談這個案子。

其實我跟這個客戶甲已經接觸一段時間，本來就有機會成交。若是其他主管可能會說：「不用了，我自己來處理。」但阿旺教練基於共好原則，還是答應夥伴A願意與她合作。然而後來成員A進行並不順利，接洽幾個月，對方並沒有購買商品意願。

之後是春節，阿旺教練本來就有過年過節問候客戶及朋友的習慣，就找一天去拜訪客戶甲關心近況，也順便聊聊關於如何節稅等等問題，結果當下一聽完分析，客戶甲表示很有興趣，很快幫他自己以及孩子簽訂保單，光獎金大約就有新台幣50萬元那麼多。

理論上，這筆利潤不用分人，但阿旺教練秉持著共好的利他精神，心裡想著當初夥伴A有說要跟我合作，我也答應她的，因此我主動聯絡夥伴A，告知我談成客戶甲的案子，會分她一半業績，可想而知夥伴A非常感激我。

試想，若我選擇不分享，那終究有一天夥伴A還是會知曉客戶甲的案子已經被我處理完了。那時候她難免內心會有疙瘩。我不喜歡團隊中有這種事發生，寧願讓利，儘管那金額真的也不小，但我認為讓夥伴高興，願意更努力打拚，願意無罣礙的繼續跟著我，那是比較重

要的。

### ●案例二：轉讓生力軍，成就夥伴團隊

這案例是阿旺教練的髮型設計師介紹朋友C來聊生涯規劃，當時他也有意願朝向挑戰性的生涯發展，只是後來因為住桃園的交通因素，所以還在考慮中。

之後一年，我們都有保持聯繫，有一回我剛好要去桃園演講，也邀他要不要一起來現場聽演講，順便參觀桃園分公司。

那回桃園演講，為了培訓新人，我有帶夥伴B同行。

到了現場，朋友C果然有來，並且很巧的，他竟然也認識夥伴B。原來以前夥伴B是汽車銷售員，朋友C家裡的第一部車，當年就剛好是跟夥伴B買的。

其實當朋友C來現場前，從電話中大致聊到他本來就已經準備加入我們的團隊一起打拚。但既然我得知他也認識夥伴B，我就直接讓他加入夥伴B的旗下。

也就是把本來我的績效成績讓給了夥伴B，相關獎金都歸夥伴B。

如今這位朋友C轉型後表現很優異，夥伴B也很高興我讓她的組織有了強大生力軍。而朋友C也很高興，因為他上面有兩個主管可以直接帶他。

這兩個案例都是在御人的立場，以共好利他來打造

團隊格局，也讓團隊成員更感激信服。

# LESSON 26
# 因材施教與任務分配

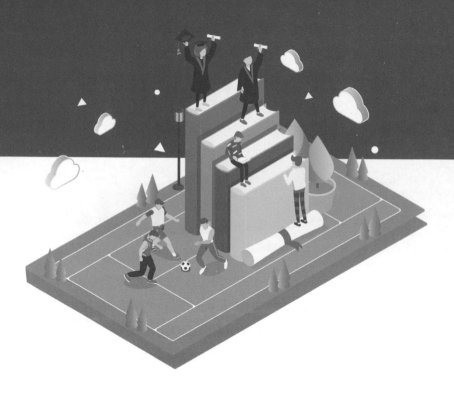

　　看許多團隊的領導人，也經常犯了不擅分配的錯誤。有的人可能是業務底出身，習慣一切自己來，就算當了主管還是想自己來，把團隊晾在一邊。有的人則是

個性較急，覺得事情吩咐交辦下去，大家做得都比不上自己，乾脆每件事都自己來。

不懂得任務分配，就不是適任的領導人，不但不能帶動團隊士氣，也難以帶領團隊做出績效。若只懂得分配任務給自己，那還是回去當人家部屬比較好。

## ⌂找出成員優點，分派任務⌂

其實，談DISC或星座，有一個共通點，就是：每個人的個性不同。分配任務，有不同的等級。

最高境界，是在心中有個藍圖，每個夥伴在領導人眼中都可以扮演著重要角色，領導人只需運籌帷幄，對正確的人下正確命令就好，就好像三國時代，誰負責領導主力部隊、誰負責支援部隊、誰負責後勤、誰擔任參軍幕僚，都分配規劃好好的。

當然統領業務團隊不等同古時候帶兵打戰，現代管理團隊，除了要帶領團隊追求績效，爭取團隊榮譽外，也需照顧到每位成員的個人成長，協助他們自我實現。

### ●懂得分配任務，讓成員做中學

領導團隊，分配任務，說簡單也簡單，說難也是難。

說簡單，因為分配任務一個核心重點，就是配合

每個人的個性，找出優點，把他最擅長的事交辦給他就好，例如：有人優點是數字概念強，可以分派他去接待工程師型的客戶；有人優點是比較憨厚有鄉土親切感，可以分派他去接待比較喜歡木訥親和型業務的客戶。

實務上，分配並不那麼容易，好比說業務銷售，如果大家的優點都是很會做文書處理，那麼是否就不用外出跑業務，全部待在辦公室處理文件就好了？應該也不是如此。所以有時候，領導人要找出「相對優勢」，例如：新人A和新人B都有點害怕面對陌生客戶，但可能新人B個性比較活潑點，可以分派他去接待有意詢價的年輕人客戶等等。

但不論如何，業務屬性團隊，「人人都要有事做」，不可能夥伴C十項全能，所以什麼事都交辦夥伴C做。

特別是對業務團隊來說，每個人都是從基層開始，通常本來就會有段「什麼都不會」的階段，領導人依然要懂得分配任務給他們，這樣他們也才能做中學，逐步從「不會」變成「會」。

●鼓勵不同專長夥伴互相搭配

以阿旺教練團隊來說，有個針對新人的M10計畫，意指要培養新人在這裡受訓，希望第二個月開始就可以讓他月收入達到新台幣10萬元以上。

　　在M10培訓過程中，會開始讓資深夥伴擔任值星官。在培訓協助督導課程，也會找一些行銷資源比較有限，但擅長行政管理相關工作的夥伴擔任這樣角色。

　　這也是種任務分工，因為那些業務戰將們可能主力都放在外面跑客戶了，屬於新人的內部訓練就交給這一群擅長行政管理相關的夥伴。

　　當然，對這群協助M10的夥伴來說，透過直接協助及參與，他們也因此可以累積組織管理經驗，這對日後組建自己的團隊，也絕對有很大的助益。

　　此外，阿旺教練也會適時的讓不同能力的人一同參與活動，例如在菁英早早會，會邀請團隊裡的行銷高手來跟夥伴分享經驗，好比說如何面對顧客反對意見等等，讓菁英和有心上進的夥伴交流。在不同場合中，不同專長的人也可以互相搭配，像是阿旺教練團隊也鼓勵夥伴們互相幫襯，可以陪同一起談案子，共好共享。

## 領導人要能辨才以及因材施教

　　每個人都有優點，也有缺點，因此領導人要找出每個人的優點，據以分派任務。但缺點呢？

　　其實，所謂優缺點是相對的：擁有笨重厚殼的烏

龜，在陸地上缺點很明顯，就是慢吞吞到完全沒競爭力的感覺，可是烏龜入水，可是「如魚得水」般悠游，且又有保護殼保護牠免於傷害的。

　　所以一個人個性木訥，講話不流暢或許是缺點，但這樣的人卻在業務銷售上有一定的親和力，這時缺點又變成優點。

　　一個好的領導人既能找出每個人最專長的優勢，讓他發揮所長，也能想辦法為每個缺點找到一個新的「用途」。

　　整體來說，領導人也像領導一個球隊，有人當衝鋒員，有人當守門員。分配得宜，就是冠軍團隊。

　　以下就用實例來做說明：

●創造1＋1大於2

　　阿旺教練團隊中，有個女性夥伴，以前從事的是物業管理業，主力在服務客人，但那個工作不需要什麼行銷方面功力。所以這位夥伴行銷業績的成績不是很理想，但若論起行政相關事務，她辦事有效率，也很樂意去做。

　　怎麼辦呢？若要她去行銷拜訪客戶，可能做不來，怎麼拓展業務，未來又建立自己的團隊呢？

　　身為領導人的我，就讓她投入增員組、從事財經相

關產品推動，以及協助製作簡報等等，她都做得不錯。但做事業過程，就像開店當老闆，雖會需要照顧到很多環節，基本上還是要有營收啊！所以，可以怎麼做呢？阿旺教練跟她說：「可以透過借力。」

以這位夥伴來說，她本身是女生，我就安排一個帥哥跟她搭檔，兩人一起跑業務，果然成交率提高很多。

就以一家公司經營為例，也需要各種專長的人才，若請原本業務做得好的人來處理行政事務，他不一定做得來。現在各司其職，在業務領域則是一起搭配，客戶反應也很好。等到成交後，業績也是各分一半。

試想，若原本沒這樣搭配，那麼那位女性夥伴，可能因為不擅長行銷，業績一直掛零，而那位男性夥伴本身也會苦於客戶來源不足及行政效率差，而業績一直無法提升，到最終可能兩個都成績不佳。但如今兩人合作，產生「1＋1大於2」的效果，讓雙方都有很好的成績。

### ●順應人的本性分配工作

每個人都有自己的個性以及最適合的工作模式，若強迫改變結果不一定好。

阿旺教練團隊有位夥伴，以前是家庭主婦，個性溫

和，沒什麼人脈，但因為職場經驗不多，也不擅長行政工作。不過她有心想改變，她真的很想賺錢。

後來我請夥伴 B 協助她，後來也成交了年繳兩百萬元，六年期的保單。

***領導人要有個思維，要懂得識人，幫他找資源，把他放對位置。***

一直叫底下的人跑行銷，叫他做業績，但就一直做不出來，怎麼辦？這時，就要懂得善用成員的優勢來做行政相關的工作，或那些Top Sales（頂尖業務員）不願意做的工作。

然而透過適當的安排，就可以讓他覺得自己有價值。但在此同時，也要協助他找到資源，只要有人能夠幫助他，就可以讓他覺得這條路能夠走下去。要不然就會變成，一方面有人因為業績不好而陣亡，一方面衝業務的人很需要更多客戶卻找不到。但透過領導人來做協調，讓兩人合作，創造團隊共好文化。

當然，合作可以很彈性，好比視客戶的屬性來找合作夥伴，例如這一回甲是跟乙合作，下回甲也可以找丙合作。

●不同專長分工

這裡再舉另一個夥伴的例子，她以前也是家庭主

婦，人脈資源有限。但她很願意學習，可是經常到了最後卻無法Close，也就是到了締結成交的階段，她的功力不夠，談了很多案子都無法成交。

　　阿旺教練就找一個同樣是家庭主婦，但比較敢開口的夥伴，她比較敢要求客戶，對客戶做說明口才也OK。由這位夥伴來幫助她，這兩人合作後，接著也成交好幾個客戶。

　　總之，領導人經營團隊就像經營一家公司一樣，需要業務員，但也需要業務助理，公司裡許多的行政工作還是要有人做。

　　領導人要懂得辨才，因材施教，讓每一個人可以在合適的位置上。所以如果業務能力很好的人，盡量不要浪費他的時間及才能，設定目標，讓他專心去做業務，去衝業績，得到獎勵。畢竟團隊最重要基石就是業務，就是幫公司賺錢的人。

　　而行政相關的事務，若有些人就做得很好，就分配給他們做，他們也會做得很高興。但領導人也要協助他們的業績，方法就是因材施教，將不同專長的人結合。

　　這裡講的不同專長，其實也包含有的人本身很會帶來歡樂，他們可能有點人來瘋，喜歡有舞台，愛唱歌表演，但業務能力不一定好。這樣的人優點是可以帶來團

隊歡樂，在團隊中有這種可以炒作氛圍的人也很好，可以讓大家工作都很開心。同樣地，這樣的人也是可以搭配業務專長的人，一起共好創造業績。

　　簡言之，每個人來到一個團隊，個性都不同，目標也不盡相同。*身為領導人，就是能夠善於辨才，讓不同專長的人各安其所，並且整合為整個團隊的優勢，締造共同高業績。*

# LESSON 27
# 正確溝通，
# 三明治法則

　　古時候兩軍對戰，除了比戰力，也比溝通力。放在現代來說，就是通信力，例如二戰時候，同盟軍反敗為勝關鍵，就在通信科技領先，得以破譯密碼，且料敵在

先。歷史上著名的淝水之戰,東晉僅以八萬兵馬就打敗前秦符堅的幾十萬大軍,決勝關鍵不在武力強弱,而在於前秦部隊內部無效溝通,當部隊有人往後退,就有人喊說:「戰敗了快逃」,於是幾十萬兵馬在不知道狀況下,倉皇撤退。

在現代領導管理學上,溝通更是重點,領導人再有滿腹經綸,結果團隊成員完全不懂他的解說,也無法理解主管分配任務的背後用意,於是「一個命令,各自表述」,就算是個百人團隊,人人各自為政,也就戰力等同沒有團隊。

## 怎樣是對的溝通

在團隊中不論是一對一溝通,或是主管對團體的講話,常見的溝通有以下幾種:

❶傳達命令:公告或布達重要大事,包含表揚與宣布懲處。

❷教育訓練:指導團隊正確方針,以及傳授技術觀念。

❸鼓舞激勵:藉由談話刺激對方正向思考。

❹指責訓斥:藉由指出錯誤要求對方改正。

若非基於以上目的,則可能純粹是感情交誼,例

如：舉辦慶生會，或者談心建立親和感。

●**在對的人時地，說出對的話**

無論何者，領導人該重視的不是形式，而是是否做到有效溝通。好比你要稱讚一個人，但他感受不到這是稱讚，或者你要教育團隊新的技能，結果講完大家依然霧煞煞。亦或你要激勵大家努力工作，但人們只是邊聽邊打瞌睡，這些都是無效溝通。

會有無效溝通情況，原因很多，但總歸來說，領導人要檢討是否有在「*對的時間，對的地點，跟對的人，說出對的話*」。

以下就舉出無效溝通的常見例子：

☑選在一般下班時段開會討論工作事情，這就不是對的時間，可想而知，這時大家都歸心似箭，不論台上在講什麼話或做任何激勵，都事倍功半。

☑選在工廠機器操作室外頭訓話，這就不是對的地點，機器噪音蓋過主管聲音，夥伴又不方便一直說「請再講一遍」，結果就是不懂裝懂。

☑對一個新人講太深的道理，指責他為何這也做不到那也做不到，身為新人的他迫於長官淫威不敢抗議，但長官講的他又聽不懂，這樣的溝通沒有意義。

☑最後，面對一群努力拚業績但功敗垂成，沒拿到

團隊優勝的一群人，領導人卻只一味批評指責，這樣只會帶來反感，是無效的溝通。反之，應該先講些正面激勵的話，安慰大家都盡力了，接著再來檢討這回有哪些可以改進的地方，這樣大家比較聽得進去。

●心服口服的領導力＝做好溝通

有時候，一個領導人本身技能不比夥伴強，年資也沒比較久，甚至論學歷論背景，團隊裡都有人比他優秀，但他為何可以做到讓人心服口服的領導？關鍵就是做好溝通這件事。*所謂天時、地利、人和，這也是溝通時要注意的事項。*

## 三明治溝通法

在帶領業務團隊時，最常見的狀況，就是跟業績有關的事。但這種事不好溝通，例如對方都已經業績不好了，你罵他也沒意義，弄得不好，導致他傷心難過決定放棄，公司又損失一個人才。可是犯錯不溝通也不行，畢竟錯誤還是必須解決，避免下次再犯。

阿旺教練推薦「三明治溝通法」。

●優點→缺點→優點的溝通方法

什麼是「三明治溝通法」？大家都知道三明治長什麼樣子，兩個麵包夾一片肉，如果把那片肉當成是溝通

重點，又是怎樣用在現實當中呢？

　　假定阿旺教練找小美來溝通她今天處理客戶訂單的過程中有所疏失，必須改進。那麼「改進」這件事就是三明治的肉。

　　如果直接罵她做錯事了要改進，可能小美會生氣說她不幹了，這種溝通不好。這時就要用「三明治溝通法」，就是：「優點→缺點→優點」的組合也就是先講優點，再講缺點（其實那是本次溝通的主題），結尾又是優點。以下就來舉例說明：

　　第一段話：「小美，一直以來你做事態度認真勤快，我都看在眼裡，真的很高興我們團隊裡有妳這樣優秀的人才。」

　　第二段話：「但必須說，今天下午王先生這個案子，妳處理得的確比較不好，妳這回沒事先做好功課，導致王先生問的一些問題妳沒法解答，卻又不懂裝懂硬掰，導致王先生對我們印象不好。」

　　第三段話：「不過，妳也不要難過，我知道妳已經在自責。其實大部分時候，妳得表現都很好，是我們團隊裡的楷模，相信經過這次教訓，妳會得到更多啟發，變得更優秀，很期待妳的表現，讓我們一起努力。」

●把勸喻告誡話語包裝在讚美裡

其實重點就在中間的部分，就算去掉三明治的頭尾也依然可以溝通，但卻會變成無效溝通，那是因為人是感情的動物，有心靈需求，有情緒關卡，有時候明知道是自己錯，但你愈罵她，她反而愈抗拒。變得情緒化後，事情就愈搞愈糟了。

所以適度得應用三明治溝通法，平常也要把握機會稱讚同仁，誰都想聽好聽話的，*把要勸喻告誡的話，包裝在讚美的話裡，就能達到理想的溝通效果。*

## 優秀的主管應具備的溝通方式

身為組織領導，在處理各種狀況，切記要遵守「對事不對人」的原則，當討論事情時，要針對事情本身，絕不做人身攻擊。

任何的規範，一定要一視同仁，不能因為你跟某甲感情比較好，於是他說的話你都認為沒問題，其他人講的話你就不認同。

在主持會議時，夥伴之間難免會有立場不同，甚至帶點敵對關係。站在領導人角度，你一定要遵守共同的規範。不管夥伴業績好還是不好，大家遵守的規則是一樣。在會議場合上討論事情，大家都有平等的話語權。

絕非業績好的人，講話就可以比較大聲，或工作績效比較被肯定的同仁說的話就是對的。

　　一個好的領導人，要吸引人主動靠過來，才會愈做愈輕鬆。簡單講，在組織裡，你不要迎合誰，因為你迎合某人，就會導致另一個人不高興。你要讓任何人都來靠近你，你本身是不動的中央，立場堅定，標準一致，對人一視同仁，對事公正客觀。

　　這才是好的領導人。

## LESSON 28
# 領導魅力與吸引力法則

　　如果是基於某種條件交換，才有人追隨，那就不是個人魅力。例如夥伴是因為薪水及福利才為某個企業效勞，或者因為沒有其他出路了，為了生計才來投靠，那更不是植基於領導人魅力。

真正的魅力，是下屬就算薪水不高，但只要主管是你，我就願意待下去，如果主管要被調職了，我願意跟著他調動。或者不論是哪個高階主管講什麼都無法說服我，但只要你出面，我就願意相信。這就是領導魅力。

領導通常代表著必須引領一群人跟著自己，一樣米養百樣人，如果團隊底下什麼牛鬼蛇神，各路人馬都有，那光溝通就很辛苦，要統合不同人才匯聚於共同目標，更是一大挑戰。

但如果這一群人都是「心甘情願」跟著你，那領導統御就變得比較容易了。

## ⌂怎樣形塑領導魅力⌂

除非團隊成員就是慕名而來加入的，那樣的話，代表領導人本身已經有了某些豐功偉業，或令人敬仰的立德立言，所建立的領導人魅力。但多半時候，身為領導人，和團隊的互動都是從零開始，在這樣的前提下，如何從陌生，到後來讓對方對你心服口服呢？

領導魅力的建立有以下幾個關鍵：

### ●關鍵1／重承諾

如果你說：「當事情發生時，我不會拋下夥伴。」後來你做到了。

如果你說：「碰到危機不要擔心，我會設法面對。」你也真的做到了。

如果你說：「我會跟同仁們同甘共苦以及設法找到資源。」，你都一一做到。

隨著你說的與做的都一個一個吻合，這樣你就逐步建立你的公信力，也打造你的領導魅力。

到後來，當你說：「請跟著我指定的方向衝，我保證大家過更好日子」時，大家也會聽你的指示，往那個方向衝。

●關鍵2／意志堅定

說一是一，不會翻來覆去，讓夥伴無所適從，更不會被夥伴當成放羊的孩子，那樣的領導人會讓人願意跟隨。

特別是經歷考驗，當大部分人覺得這條路不可行了，這門生意沒指望了，但領導人卻能堅定信念，繼續往前，最終若真的獲得突破，領導魅力也就屹立不搖。

●關鍵3／貼近人心

人與人互動是相對的，常看一些宗教領袖，身邊周遭有那麼多人死心踏地的追隨，最早的時候，一定是領導人先打動他們的心。

身為領導人要能提出遠大的願景，並且用足夠的熱

誠把種種信念和理想說出來，然後還要和受眾者產生連結，讓大家覺得你願意為他們著想，領導魅力就會因此建立起來。

帶領團隊也要時時站在成員的角度，為他們的未來著想，領導人肯為夥伴未來著想時，夥伴們也會緊緊跟隨這位領導人。

除了以上所列三大基本魅力，領導人一定要做人正直；就是說領導人的言行舉止要能被當成典範，好比說身為業務團隊領導人，本身的業務成績也必須頂尖，且能提出一套行之有效的業務技巧及理論，就會形成大家願意追隨的領導魅力。

## 🏠打造領導人的吸引力🏠

所謂領導，是帶領一群人朝一個方向邁進的人，所以這一群人絕不可以是烏合之眾，而必須是有共同目標的人。

最散漫且看不到希望的團隊，就是那種各自只為各自利益活著的團隊。當一切只為私利，而不為理想抱負，這樣的團隊無法帶領，也就沒有未來。

然而，當初為何會有這樣的團隊呢？怎樣的領導人就吸引怎樣的人。例如有的企業建立的業務團隊，不給

底薪也沒有培訓，反正公司供貨，業務有賣才有錢賺，領導人就是以這種各自為政、放牛吃草的心態經營事業，所吸引的也就是只追求快速獲利的短視之徒，當發現到錢難賺，隔天就不見人影。

### ●吸引力法則

一個想要帶領團隊締造高峰成績的領導人，首先要能凝聚一個具備實現夢想熱情與勇氣的團隊，要擁有這樣的人才，就必須靠吸引力法則，也就是領導人本身就必須是有夢想熱情與勇氣的人。

所以領導人不要感嘆團隊業績不好，有可能是身為領導人的自己，沒有在業績領域做出成績，無法吸引到業務人才。

通常提到吸引力法則，都是講如何讓自己生活更好、累積更多財富，但對領導人來說，創造吸引力法則的自身，必須擁有更高的格局，必須要是願意「幫更多人帶來生活正向改變」，或者願意「透過自己的感染力，讓世界變得更好」的人。

### ●先擁有一顆具備強大魅力的心

往往擁有領導魅力的人，也會是具備吸引力法則的人，因為他做到讓人佩服敬仰，同時也讓這些想追求更好人生的人加入團隊。

只有鑽石可以切割鑽石，菁英聚首菁英，物以類聚，當你自己本身以身作則，自然有人跟隨你。

對所有領導人來說，在建立團隊績效前，先讓自己擁有一顆具備強大魅力的心吧！

透過吸引力法則，讓夢想實現。

## 創造專屬的團隊魅力

阿旺教練本身帶領的是No1團隊，很重要的是所締造的成績，不單單只是個人——阿旺教練個人成為集團裡的銷售三連霸，連續三年在全國六千多個業務裡脫穎而出，成為銷售總冠軍，同時也包括我的團隊取得多樣的冠軍。

### ●創造傳奇及成功打造定位

阿旺教練過往是房地產部門，轉換跑道到保險部門到出書也還不滿三年，但這樣的我卻能取得三連霸，這當然是一種傳奇。這也是種魅力的形塑，當主管是傳奇，團隊成員也會感覺走路更有風。

而帶出來的團隊，打開2021、2022年全集團的年度獎項，也真的不論是哪個層級，前幾名都是阿旺教練團隊成員榮任。

阿旺教練讓人人都充滿榮譽感，工作時更有熱情，

也成功打造團隊的定位——讓夥伴們都知道，阿旺教練團隊就是全台灣最大的房地產稅務團隊。當定位明確，團隊就可以聚焦，去吸引很多想要做高資產，或想要成為有錢人，或本來不想做保險事業，但卻對資產保險有興趣的朋友。

總之，我們吸引的是想要做資產方面專業，想要賺大錢的人，定義清楚，這也是吸引力法則的一種。

### ●人格魅力＋專業實力＝影響力

另一個提升主管吸引力的方法，就是出書。透過出書，可以增加阿旺教練團隊的曝光度，也讓更多人覺得你一定很能力，所以才能出書。事實上，阿旺教練團隊成員中，的確有人是讀過阿旺教練出版的第一本書，後來決定加入團隊的。

*所謂吸引力，不必然是你口才很好，那是一種包含人格魅力以及專業實力的綜合影響力。*

阿旺教練團隊中如今的許多菁英，好比玉萍，她在加入我團隊以前，本身就已是汽車界的銷售天后級人物（參見本書附錄），在她服務於汽車界過程中，也認識很多保險公司的高階主管。他們也都渴望讓玉萍轉戰他們的團隊，但最終玉萍為何選擇加入我的團隊？這不僅因為我的能力，也因為她在我身上看到一種屬於領導人

的魅力，認為我可以帶給她好的職涯未來。

# 以賞代罰，不斷激勵

　　古時候兩軍作戰，當碰到危急存亡之秋，戰事最膠著的時候，領導的大將往往喊出：「只要摘下對方將領的首級，立馬授予軍爵；可以殺掉對方領隊，也是連升三等，並賞金百兩。」並且務必說到做到，只要黃牛一

次，那將領信用就破產，下回打戰再也叫不動士兵了。

其實，人都是有一定潛力的，最起碼當初被聘用時，也並非阿貓阿狗都可以入選吧！重點在於每個人「願意」貢獻多少心力，是50%、70%還是100%呢？這端看這家企業以及領導人的特質，能不能刺激出他的潛能，一個好的領導人甚至可以刺激夥伴超過100%的實力，也就是「赴湯蹈火，在所不惜」的付出。

## 🏠說到做到，說給就給🏠

阿旺教練帶人，說到一定做到，並且許多時候我是自掏腰包來獎勵夥伴的。

真的是如同我對同仁說的：「你只要敢衝，我也就敢給。」從不食言，也不事後找藉口推翻前論。

事實也證明，當阿旺教練願意當個肯給的主管，那底下的人也絕對感受到阿旺教練誠意，回饋就是每個月都是亮眼的戰績。

在阿旺教練團隊，任何人得到上下半年度大賽各階段的全國第一名，阿旺教練都會幫他們訂做一套西服（女性的話是套裝)，那是價格約台幣一萬五的高檔西服，並且繡上阿旺教練團隊圖騰，這樣的衣服，保證外面買不到，帶給團隊成員一種尊榮感。

　　其實阿旺教練基本精神，就是站在利他角度，真心希望每個同仁每月都賺更多錢，可以照顧家人。實在說，以阿旺教練長年累積的業績實力，已經不會再去計較，甚至計算每月自己可以賺多少錢。因為我知道，當我照顧好每個同仁，我願意付出，美好結果就一定看得到。

## ●胡蘿蔔與棍子交叉應用

　　當然，兵法有謂「士氣可用」，的確許多時候透過激勵人心，以獎賞或者精神上賦予榮耀的方式，就可以帶動團隊戰力。可是職場上真正帶領的團隊，畢竟不是古時候上戰場，團隊內包含各式各樣的人，例如：有的人就是比較知足，不求大業績，或是步調緩慢，覺得賺得錢夠用就好……。如此一來，要如何帶領整個團隊呢？光靠激勵士氣不一定有用。

　　所謂「胡蘿蔔與棍子」，那些主動進取的夥伴不需要領導人太煩心，但團隊中有80％的人還是比較被動，就必須胡蘿蔔（獎賞）與棍子（處罰）交叉應用，這也是身為一個好的領導人必要的領導技能。

## ●結合人性面的業務拓展，就能事半功倍

　　業務是人的集合，是人就有人性面，若業務拓展能結合人性面，團隊運營就能事半功倍。

　　人，是有潛能的。極端的狀況，像是有許多報導證實，在一些災難現場，人會展現事後聽來不可思議的力量，例如火場裡媽媽抬起冰箱，或被野獸追逐，跑出奧運選手等級的速度。

　　簡單說，每個人其實都可以「做得比你現在更好」──可以跑更快、可以當英雄，當然也可以當業務冠軍。

　　重點是必須要有個環境，逼出這樣的潛能。

## 🏠透過競賽激發潛能🏠

　　在阿旺教練團隊裡，激勵其實是常態的，我總是不吝惜給予同仁正面鼓勵，這部分也是因材施教，例如針對新進同仁，可能單單他願意突破原本心魔，勇於打電話給原本不敢打的老同學，我就給他鼓勵。至於資深同仁，雖然審核標準較嚴，但若是他業績有所成長，或者能夠解決某個原本的客戶難題，那麼該稱讚的地方，阿旺教練也絕不吝嗇。

### ●集團的「自我衡量」挑戰自我

　　不過以影響層面來看，自然還是以公司本身提供的競賽，最可以激發同仁潛能，特別是針對菁英，效用更大。

最好的激勵奮戰方式來自大環境的競賽，很多產業都有那種國際性的大賽，例如在保險產業有MDRT（Million Dollar Round Table，百萬圓桌協會）圓桌會議、在烹飪產業有藍帶獎等等。通常規模愈大的獎是以一年為計算依歸，但人們總不能一年只被激勵一次吧！因此以公司為單位的獎項很重要。

例如：阿旺教練所屬的集團，一年四季都有競賽，這樣就讓業務同仁們任何時刻都有個「自我衡量」挑戰，以再追求更好一點的要求，以及激發「人外有人，天外有天」的上進心，因此主管要扮演好激勵的角色，適時導引正向思維。

●設計小高峰競賽，激勵團隊早日達標

就用具體實例來說明我們如何業績頂尖，同時大家也玩得開心。

以遠雄來說，業績競賽分成上下年度，基本的排程為上半年1到4月是公司的競賽月，5、6月則可以稍稍休息緩衝；下半年7到10月則是競賽月，到了年底11、12月可以比較放鬆。

這是公司每年的競賽。而在阿旺教練團隊則還有相對應的小高峰競賽，同時也搭配團隊內的獎勵一起進行。以總公司的獎勵來說，規模自然比較大，像是在疫

情前，會舉辦遠程的國外旅遊，例如前往俄羅斯之旅等等，或者是國內天數較長的高品質旅行，同時間在阿旺教練團隊的小高峰競賽也會有規模較小但同樣令人印象深刻的優質旅程作為獎勵。

阿旺教練團隊的做法是以總公司為期4個月的大競賽為基礎，好比說1到4月為競賽期，阿旺教練團隊則把競賽期分兩段，也就是1～2月以及3～4月，稱為「小高峰」。若同仁可以提前在2月前就達到業績標準，團隊就會獎勵他一個旅遊行程，可能是國外亞太地區為主的五天四夜之旅，或是國內小旅行。若同仁第一次小高峰沒有衝出成績，那還有第二個機會，3～4月衝刺出業績也一樣有獎勵。如果有一個同仁在2月前就達標，然後持續這股氣勢，3～4月又再次達標，那意思就是他比總公司規定的要求達到兩倍業績，他可以享有三個獎勵，包括阿旺教練團隊自己的兩次小高峰競賽獎勵，以及總公司的上半年度競賽獎勵。

阿旺教練團隊訂出小高峰競賽主要目的：

第一、讓夥伴們能在一開始就培養積極進取的心，1月就開始衝起來，而不會去想「後面再衝」就好，因此當2月前就達標，內心也能較篤定，繼續拚下一個戰場。

第二、不論後來有沒有達到小高峰或總公司規定

成績,若一開始就已經在拚了,那至少整體會有一定業績。事實上,阿旺教練團隊的總體業績也的確在全國評比上走在最前面幾名的。

第三、小高峰競賽的旅遊活動可以更強調家庭精神。因為相對於總公司的大型獎勵旅遊因為門檻較高,一般只有員工參加,阿旺教練所舉辦的旅遊規模雖較小,但我們非常歡迎家人一起同遊。藉由這樣的旅行,阿旺教練希望得到家人更多的認同並給予同仁更多的支持,甚至願意當自家人的助力,將來協助轉介新客戶。在這樣的活動中,好比爸爸、媽媽也一起來參與,知道自己孩子是在怎樣的環境工作,親友們彼此聊天互動其樂融融,孩子也更加可以全力衝刺。

其實很多時候,爸媽最在意的不是孩子的錢,而是孩子的陪伴與關懷,但大部分忙碌的現代人,一年只有三節才有空去探訪家人,而透過這樣的活動,親子可以同遊,阿旺教練團隊真正做到既打造團隊個人的收入新高峰,也真的協助夥伴提升家庭生活品質。

以這樣角度來說,小高峰競賽的意義非凡。

## 🏠競賽注意事項🏠

任何的善意若沒有正確應用,也有可能帶來反效

果。以競賽為例,若針對實力不夠的同仁,反倒變成一種壓力。因此領導人必須適當的應用,因此整理以下三點在設立競賽時的注意事項:

●**注意事項1／評估實力**

是否參加競賽,不能全由當事人決定,主管必須提供意見,例如:

❶原本就業績很優秀的人,主管當然要鼓勵他一定要參加。

❷原本業績還差一段的人,最適合參加,但一定也要尊重對方意願,若對方表示內心還沒準備好,那主管可以稍稍溝通;若對方仍有疑慮,也不必要強迫。就算對方決定參加了,也要告訴他盡力就好,但得失心不要太重。

❸新人或實力差距較大者,可以請他們先見證其他人如何努力達標,作為學習,並適當導引告訴他:「下回就換你參加了。」

●**注意事項2／規劃進程**

雖然各類業績競賽,得獎榮耀是個人的事,但主管協助很重要,例如:

❶*協助訂定目標及進程檢核*:例如6月底前要達到百萬,不會是等到6月初才告知,而是更早之前就要透過一

對一討論，協助建立目標，假定3月開始啟動，每個月要至少20萬業績等等，若有進度落後，主管可以協助看有什麼困難可以幫忙克服。

❷**適度加碼：**例如阿旺教練經常跟團隊說，公司競賽設定的目標值，若你能在期限未到前就已經完成，團隊這邊還有額外獎勵。實務上還真有效，我的那些核心團隊成員還真的超優秀的，經常都超額朝標完成，我這個做主管的就算掏腰包也掏得非常得意。

●**注意事項3／適度休息**

參加競賽重要，休息也很重要，若一年四季天天都處在競賽中，反倒大家都會在競賽裡麻痺，想想，就連美國NBA球賽也不是天天比賽，會有休息期間。以阿旺教練所屬的單位來說，例行性的每年5、6月及11、12月，公司不會有業績競賽，也是鼓勵團隊努力打拚但也要撥時間陪家人，好好放鬆。

主管也要懂得搭配淡旺季和各類競賽，結合團隊的培訓計畫，打造團隊長期戰力。

# LESSON 30
# 授權與當責

　　成吉思汗可以雄圖偉業，打下從亞洲到歐洲一大片
江山，但他卻直到過世前都無法整合自家的紛爭。

　　許多百億格局企業集團，永遠都是那個蓋世梟雄登
上版面，公司營運都是他說了算。但為何十年、二十年

都不交辦給其他人出頭天呢？因為有不得已的苦衷，怕自己一退出經營舞台，企業不出半年就會出狀況。

有人說當領導人不難，但要把領導做到長長久久，並且可以站得英挺也走得瀟灑的人不多。

如果說，今天你在的時候成績亮眼，你不在大家就莫衷一是，那不是好的領導。或者說，人人都不敢做決策，有事都往高層推，那也是沒有前景的團隊。

所以，再怎麼優秀若只顧好現在，無法保證團體未來發展，那就不是好的領導人。

## 授權：你要懂得借力帶人

授權這件事很重要，分成兩個層面：一個是教育培訓面，一個是組織效率面。這兩點都攸關一個企業的發展，甚至攸關生死存亡。

### ●交接，是全方位傳承

以教育培訓角度來說，為何歷史上許多梟雄豪傑或者帝王，無法掌控其身後事，不論身後是群龍無首，或者分崩離析，都代表著生前沒能做好交接。這裡的「交接」，不是單指工作傳承，而是包含技術、能力、心境、格局的全方位傳承，簡單說，就是繼承人「準備好了嗎？」

以阿旺教練來說，不是什麼英雄豪傑，但深知教育培訓以及授權的重要性，所以在公司組織規範範圍內，又開立了屬於自己團隊的小組，就是為了訓練夥伴們，能夠有自己的管理能力。實務上，也真的帶來很好的結果，現在阿旺教練可以很篤定的說，就算自己請長假去國外玩個一、兩個月，深信阿旺教練團隊的每個成員都可以繼續遵守紀律，打拚業績。因為我所授權的幾個幹部，都已經可以獨當一面，把事情做好，並且也已深獲底下同仁信賴。

●授權，是領導學的核心重點

以組織效率面來說，一個事必躬親的主管絕對可說是一個差勁的主管，他等於放著一整個團隊的資源不好好應用，甚至以業務型團隊的視野來看，這樣的主管等於是跟底下同仁在爭功。

真正好的領導，要懂得授權，懂得借力使力。

例如：阿旺教練除了會在晨會等場合，面對所有團隊成員外，其餘時候，都盡量讓幹部們去管理自己的小組，我要將重心放在督導以及培訓菁英。另外，阿旺教練也會找時間去擘畫未來，替團隊開發市場。

這樣的道理一般人都懂，但依然很多領導人無法做到位，為什麼呢？主要有以下二個問題：

**❶言行不一，並非真正授權：**可能表面上說要授權，實際上，每件事都還是必須請示。如果幹部說的話不算數，那同仁何必浪費時間接受幹部領導？後來還得再聽大主管重新訓示一次？

**❷處處干涉：**這也是常見的情形，幹部對同仁做了指示，然後呢？大主管過來了，推翻了幹部的指令。為什麼要這樣做？一方面讓自己又得事必躬親，一方面更讓幹部下不了台。其實這牽涉到兩部分：一部分是教育傳承，也就是當初領導人就沒做好培訓，只為了授權而授權，忘了授權之前要先培訓，結果發現幹部根本不擅領導才又介入；另一個部分是領導人自己的心態，如果總是想著「你們都不行，就我最行」甚至想著「如果大家以後聽你的，會不會開始不尊重我？」

一個不懂授權的領導人，就算其他面向再優秀，也頂多是50分主管，請注意，不是由100分扣10分變90分，而是整個領導評價腰斬，因為授權這件事，是領導學的核心重點。不懂授權，就是不及格的領導人。

## 🏠當責：有我在，天塌下來也不怕🏠

授權很重要，但給予的重點不是權力。當然，被授權者瞬間擁有權力，可以指揮調度，甚至讓其他同仁對

自己俯首稱臣，當下感覺很好，但如果只想享受權力，卻沒有相應的能力和氣度，那不久後就會淪為職場笑話。

*授權的重點，是要讓一個人當責。*

顧名思義，當責就是「你應當承擔的責任」。領導人自己要當責，領導人授權的幹部也要針對他的領導範疇當責。

## ●先天下之憂而憂，後天下之樂而樂

當責是什麼？當責就是以身作則，承擔下來團隊所賦與的工作和責任。

是當發生狀況的時候，大家眼睛都會看向你，並且深信你會處理這件事。

是當夥伴在前面打拚時，覺得自己站在一個穩固的基石上，當責的領導人就像是一塊堅實的土地，讓夥伴做事感到安心。

如果領導人是遇事推諉，只會跟屬下搶功，卻一點都不肯扛責任的人，那就會讓大家工作沒有士氣。

不要爭功諉過，其實只是領導人最基本的標準，不要以為一個領導人只要做到公平、公正，以及品德操守合格就叫「當責」。錯了，這只是本來就該做到的，否則根本不夠格當領導人。

當責的領導人要做得更多，整理如下：

**❶他對團隊的決策要負責：**特別是在碰到特殊狀況時，他要能當機立斷做出抉擇，並且要為該決定負全責。

**❷他對團隊的每個成員要負責：**是的，是「每個」成員，而不要以為自己調教出幾位菁英，就沾沾自喜，任何人，一日隸屬於你團隊，你一日就對他有責任。要負責教育好他，給他方向，要能帶領他過他想過的生活。

**❸對大家的未來要負責：**今天團隊營運得還不錯，這是基本要做到的，領導人不該炫耀。領導人要做到的，肯為團隊的明天負責，甚至規劃到五年、十年後的未來。

這就是領導人的格局，也是領導人的責任，永遠要走在大家前面，有責任不帶領團隊走上岔路，有責任因應時代趨勢做出最好的決斷。套句古人范仲淹的名言：「先天下之憂而憂，後天下之樂而樂」。

**●訓練接班人，要有容錯的心胸**

其實，在做當責跟授權過程中，有一個很重要的觀點，就是一開始我們都會擔心夥伴沒辦法勝任，畢竟自己是因能力夠好才能坐到某個位置，所以當要培養夥伴

授權給他時，卻也知道對方能力明顯不如自己，這樣能放心嗎？

要記住，每個人的熟練都是從青澀開始，總要給對方一個開始的機會，因此*授權一開始一定要給予容錯的空間*。

具體來說，阿旺教練都會逐步安排團隊優秀夥伴，代理我來擔任講師。我不會因為他們第一次講不好，下次就不給他機會。就是要讓他有機會講，因為有錯，他才會改進，甚至對他自己犯錯的那個點會印象更深刻。團隊授權的過程中，不要怕有容錯空間，當夥伴知道自己講得不好不會被罵，就比較敢嘗試。

當然平常就要訓練準備好，不會讓他們趕鴨子硬上架，畢竟我們也是在教育新人，總是要講師準備到最好才上陣。只不過哪怕前一晚準備到最好，由於經驗不足，難免初上台會緊張，所以領導人要能容錯。

*一回生，二回熟，終究會變成熟穩重。如此團隊才會有接班人。*

### ●透過實戰方式，逐步授權

在阿旺教練團隊裡，會逐步邀請菁英成員來當M1講師，也培育他們可以談領導課程，包含特戰班的教官冠慧、仟億、俊良、玉萍等，已經在M1上了三、四次課

程，知道流程後，我又開始要讓她們承擔特戰班責任，要把他們晉升為教官。一邊讓他們看我如何授課，一邊讓他們地位提升，這就是授權的過程。

　　阿旺教練團隊有三尊八掌，也就是前面提過的八個功能小組，這是一種讓團隊成員有機會充分展現自己，因為每個人對同一件事情，大方向做法是一樣的，可能表達方式不一樣，有各自的風格。這些小組任務授權，讓他們既能承擔責任，又獲得榮譽感。我也可以在過程中，看到夥伴們做事是否有責任感？據以評估，哪個人可以再往上一層栽培，或哪個人適合哪個位置，這些都是逐步授權重要的觀察階段。

 附錄

# 關於 No1 的房地產資產稅務團隊
## ——優秀夥伴分享

在我的第一本書《從零到千萬業務的18個業務祕笈》，於書末曾分享資產保險的資訊，由於這是我目前團隊的重要專業，考量到有些讀者不一定讀過，因此，我也再次將其部分內容結錄於此。

### ●錢的保險

談起保險，一般人的觀念主要仍聚焦在健康險或壽險。基本上，現代人應該都已經有「風險規劃」及「保障將來」的基礎概念，然而關於保險的另一個層面就比較少觸及，那就是：錢的保險。

簡單區分，保險有兩個市場。

第一個市場，就是跟「保障」有關的市場。

第二個市場，就是跟「金錢」有關的市場，主要分

附錄

成三大塊：

❶稅務規劃

❷資金分配保全

❸退休儲蓄。

所謂保障，就是預防萬一。像我們每個人多多少少會買醫療險、實支實付險或癌症險，都是預防萬一的險，我們知道那筆錢很重要，但是不是想要？人人都不想要，畢竟沒有人想要罹癌，寧願保費繳了卻用不到。

雖然這市場很大，人人都需要。可是金額其實是有限的，在台灣，就算從孩子出生就投保，以保額來看，小孩子一年保三萬，成人一年保五萬。就大約針對保障部分已經很足夠。

●老死後，遺產分配問題

但生命的現實是：人不一定會生病，也不會希望發生意外，但人一定會變老。

老，就牽涉到退休以及退休的品質，此外，老，當然也牽涉到將來遺產分配時，是否合乎我們的意志？以下舉一個案例：

一對夫妻，沒有子嗣。他們都很會賺錢，夫妻各自都有台幣一億元以上的身價。逐步走向老年，有一天先生不幸過世，假定他還遺留有一億元的遺產，理論上，

繼承人是誰呢？

　　一般人可能以為當然是妻子，實務上，依照民法，還是有繼承順位問題，遺產並非配偶全部拿走，可能依照第一順位配偶跟子女，第二順位配偶跟父母，到了第三順位是配偶跟兄弟姊妹。結果，那一億元，妻子只拿到五千萬元，另有五千萬元要分給其實可能早就沒聯絡的先生的兄弟姊妹。

　　妻子的心裡雖不甘心，但又能如何？

　　但如果她的丈夫生前就懂得透過資產保險，就可以藉由資產保單規劃，生前就每個月領錢當退休金，當過世後，保單的受益人寫給太太，那一億也都給太太，不用再分給其他關係較遠的親族。

## ●財富管理，下一波藍海市場

　　這就是關於金錢的保險。透過這類保險，錢想給誰，或錢不想給誰，就可以透過指定的方式給想給的人。

　　這其實是一個很大的市場，畢竟如前所述，以壽險保單來說，一個人若要保障自己，一年保費五萬就很足夠。甚至，如果一個人本身就是億萬富翁，那健康險相對來說就比較沒意義，例如理賠額是三百萬好了，對億萬富翁來說，他本來就不缺這三百萬。

**附錄**

　　可是財富管理面就真的有需要。特別是因為民國101年開始實價登錄、民國105年房地合一稅、民國106年遺贈稅調高一倍等等資產保險。這個市場，是下一波的藍海市場。

　　以下就是我的幾位團隊夥伴分享。

**成功分享 1**

# 你的能力超乎你的想像

詹玉萍 (過去資歷:汽車業代表)

我的過往人生主力戰場在汽車產業,本來在Honda汽車,後來轉戰Lexus,最後到中華賓士,在車界其實蠻久時間,大概前後有十二年。

實際上我的表現很不錯。我在2014年拿到Honda業績全國第一,在Lexus時也做到公司配車,後來去中華賓士待的時間不算長,但也一年內賣出六十幾台車,表現還算亮眼。

## ●加以利用保險好的特質

這樣的我為何轉戰保險產業,主要是因為時間的問題,過往在汽車產業,因為是服務業,周六、日當家人朋友有空的時候,我卻正在忙碌打拚。變成沒時間陪孩子,有時候覺得很無奈,我只能看著手機陪,賣車業務的時間是客人的,隨時都要準備好,大部分時間都被客人綁住,當然你也可以做自己,但你可以能會失去一些機會。我也不希望小孩長大了,跟自己都不親,或是說都是先生帶著小孩,我時常無法參與親子的活動。

後來因緣際會認識了阿旺教練,他告訴我保險的

另一個藍海市場——資產保險，覺得可以來跟他打拚看看。其實這許多年來，我的客戶裡也有很多也是從事保險業，幾乎每一年都有人想增員我，但我從來沒有動搖過。一方面我在車界的工作很穩固，二方面我對醫療險完全沒興趣。

但阿旺教練團隊不一樣。我們做的是資產的保險，就像我常比喻的，郭台銘總裁他需要醫療保險嗎？不需要，他富可敵國都可以自己買下一家醫院了。但他卻需要資產分配。

保險因為有指定受益，還有一些分年給付預留稅源等等的運用方式，我們其實不是愛做保險，而是保險本身就是有那麼好的特質，我們只是加以利用而已。

我覺得現代人愛與不愛都非常明確，你將來財產想留給誰，心裡都有一把尺在，如果可以透過資產保險規劃方式，完成客戶的心願　或解決客戶心裡的結，我覺得很好。

所以我在這邊收穫很多，學到很多，當然收入也不錯。

●給予年輕人的三個勉勵

我應該算團隊裡跟緊阿旺教練腳步比較近的人，進來團隊一年多的時間，以2021年說，我的年收入累積就

已經超過過往車界的標準，超過了300萬。能有這樣成績，我自己的確非常努力，當然也因為有這樣的市場跟阿旺教練團隊這樣的平台，我才能做到。

現在我的生活，周日一定專心陪小孩，雖然平常也是很忙，但心境是不一樣的，我覺得我是來創業，同時我看著我帶進來的夥伴慢慢變好，我都替她們開心，我也想當別人的貴人。

我想給予年輕人的勉勵：

***第一個勉勵，就是不要做容易被取代的工作：*** 我以前常跟新進的同仁或業務說，不要做容易被取代的工作，包含飲料店、助理或餐飲業服務，不是行業歧視，而是可以試想一下，今天你若是老闆，你的餐廳門面要擺一個美眉，還是五、六十歲的歐巴桑？不要說老闆現實，這本來就是沒辦法的社會現實。你若一直做助理或顧店這類工作，那很容易就會面臨中年失業問題。

***第二個勉勵，就是心要放寬：*** 我覺得現代人很多人主觀意識太強烈。聽到你在做保險，門就擋起來；聽到你在做直銷，門就擋起來。他不會想說要去吸收一些新的資訊。

為什麼我機會比人家多，因為我很樂意去聽別人講什麼分享什麼，我自己會分辨你講得對不對？你的產業

適不適合走？

　　重點是你的心有沒有敞開？

　　如果今天阿旺教練來跟我分享這個事業，如果我是一個很封閉的人，那我絕對不會踏進來，因為我覺得我在車界就很好，我年薪就兩百萬多，我幹嘛要來？要我放棄整個江山來跟你？

　　但我沒有錯過機會，因為我願意放寬心，聽聽別人在做什麼事？為什麼他可以月入百萬，我不可以？

　　我想了解，即使我知道他在做保險，我也想知道他在做什麼保險？這個就是我的優勢，我覺得心胸要敞開。

　　*第三個勉勵，就是要勇敢脫離舒適圈：*人的慣性，就是喜歡找溫暖的地方待著。我最近聽了一個很棒的故事，也在這和讀者分享，故事中有兩隻青蛙，面前有兩盆水，一盆是很滾燙的熱水，已經煮沸的，有一盆還只是溫水正開始要加溫。把兩隻青蛙放下去的當下，那隻放入滾燙盆裡的青蛙，腳沾到燙水馬上跳開，牠活了下來！而那隻跳進溫水盆的青蛙，牠當時只覺得溫溫的，感覺很舒服，躺在裡面最終牠被煮熟了。

　　這告訴我們什麼？

　　人要勇敢地脫離舒適圈，你覺得現在很舒服，結果

你到最後就一無所有，但你若覺得現在環境非常險惡，你就會一躍而上，那樣你就活下來了。

　　這故事我聽了很有啟發，現在年輕人往往喜歡待在一個比較舒適的環境，覺得沒關係，可以養活自己，吃得飽穿得暖就好。但我不會這樣，我知道有時候賺到錢的快樂，不是因為自己賺錢的快樂，是因為你可以改善家人的生活，例如我媽媽想要什麼，我沒第二句話，第二天就送到她手上，那個笑容是無可取代的。

　　我希望年輕人一定要勇敢挑戰自己，不要設限，不要覺得自己都不行，要相信別人可以，你也一定可以！**_你不是要很厲害才開始，而是要開始才會很厲害，你的能力超乎你的想像～_**

**附錄**

 成功分享 2

# 用團隊及系統化，達年收入200萬

林俊良 (過去資歷：工程師和保險業代表)

　　在來到遠雄前，過往我主要在外商公司做業務工程師，面對的是台商的客戶，那時我年薪大概八十到一百萬左右，本來還不錯。

　　當初會轉業主要是因為我父親罹癌，所以想要去了解保險能給我的保障，最早是先去了解保險經紀人，待了幾個月時間，發現自己基礎沒那麼好，因為訓練沒那麼多但商品又太多太雜，所以就先去日商工作，因為自己有小孩了，我很需要更多收入。

　　等女兒2歲後，我還是想了解這個產業也想買對自己和家人的保險，所以又再找了很多間保險公司，當時在某家金控的保險公司也做了兩年，我很認真努力，一年產險業績就有1、200件，信用業務，我也簽約了350多件，業績也是公司前幾名，即便如此收入卻不會很好，因為件數多單價卻很低，年薪只有2、30萬元，讓我生活有很大壓力。

　　當時我正在考慮要不要再回外商公司工作，至於保

險就兼職持續努力！那時我剛好陌生開發到冠慧，她就是讓我有機緣接觸到遠雄旺旺團隊的貴人，當時本來我想增員她去我那時的保險公司。由於她正準備考照，我就想等她考完再說！等她考完試後我再打電話給她，她竟然已經開始工作了，我問她工作狀況如何？她說才剛上線跑客戶只有一筆成交客戶，我問她佣金有多少，她說18萬！我當下嚇一跳？問是成交什麼內容？為什麼佣金這麼高？單一筆獎金就等同我全年產險的收入？

●**從年收入30萬到超過200萬的實蹟**

就這樣我去聽了二場阿旺教練的稅務講座後，就主動有意願加入遠雄旺旺團隊。

真的，市場不一樣，結果差很多。這邊做的市場包含房地產買賣節稅、資產保全、退休規劃等等，當時我聽的一場講座中，到場客戶馬上會發問，連她自己有幾棟房子這類的私事都講出來，因為她會想來尋求諮詢，不像以前我雖也有接觸到高資產客戶，但無法跟他們有更深入的連結，一般客戶也不會跟你講太多他個人資產的部分。現在我在全國唯一的房地產資產稅務團隊，覺得真的就可以讓我透過這個市場觸及高資產族群，讓我有很好的收入。

我從2020年2月加入阿旺教練的團隊，2021年前半

年我的年收就是過往一年的三倍,最終我的年收入超過200萬。同樣做保險只因市場不同,收入就不一樣。

更重要的是我有更多的時間陪家人。以前在外商公司工作時間很長,都是要七、八點後才能回家,現在家裡有事,不管白天下午我都可以去陪伴她們照顧她們,帶她們去看醫師,我可以把家人照顧更好,不因為工作就疏忽家人。

透過房地產資產稅務,讓我能跟更多客戶接觸,他們很多都有房子但不了解稅的部分,我可以跟他分享資訊,告訴他有講座,可以留到高資產客戶的資料、可以去看遠雄的建案有更多互動,團隊也非常有優勢,我們有系統化的培訓系統,不是由我自己一個人在帶。

●不是以產品帶入,而是要更多的關心

以前在別家保險公司,當時我也有增員,但就是師徒制,我自己要帶這個人,他如果覺得我很好就會跟我,如果覺得我不夠優秀,就不會跟著我,若人很多我就沒空照顧。可是在這邊我可以增員很多夥伴,可以透過團隊的系統做運作,夥伴就跟著大家一起做就好,他可以成長很快。

我從去年剛加入時只有自己一個人,到現在團隊第二代,全職有四位連我加起來五位,讓我開始有事業的

感覺。

　　這裡我還要特別提到及感謝的，是我們團隊的領導人阿旺教練，他的領導力跟格局，跟很多我認識的主管是不一樣的。他告訴我們，你是來創業的，你的想法就是要提升更高，包括你跟人互動的想法，包括跟客戶怎麼打交道？ 怎樣去建立關係？

　　阿旺教練要我們不是以產品帶入去跟客戶行銷，而是要更多的關心，去了解對方的需求，知道他的家庭系統跟資金來源，我才能真正掌握到他的需求，來給他建議。

　　***在與人相處方面，阿旺教練要我們看人要看優點，做人溫暖點。***

　　所以我們跟人的互動，像在團隊裡面，包括整個團隊大家庭與自己帶領的團隊運作，都是慢慢磨練自己變得更圓融，學會如何跟身邊團隊彼此相處更好，要互相幫助，而不是只顧自己。

### ●處經理格局去帶領團隊

　　我覺得在阿旺教練身上看到很多，他教我們用處經理格局去帶領團隊。

　　最後要分享給所有讀者，希望大家給自己多些機會多了解房地產稅務和保險的相關稅務，畢竟稅務跟退休

是每個人這輩子都會碰到的事，只是金額多跟少而已，大家也會需要做一些資產儲蓄，讓自己以後有個比較好的退休生活。

　　以前大家會覺得金融保險業就是賣保險，可是當了解後會發現，其實這個需求跟每個人息息相關，更重要的是有的人覺得工作很認真很努力，卻沒有很好的收入跟生活，也沒有時間陪伴家裡。

　　這裡真的是很適合有企圖心想要讓自己人生更好、想有更多時間可以陪伴家裡的人。感謝團隊，感謝阿旺教練！

**成功分享3**

# 做我喜歡的事業，掌握幸福人生

吳仟億 (過去資歷：家庭主婦代表)

　　來遠雄前，光看我的外表你可能看不出來，除了家庭主婦之外，更早以前我是名工程師。

　　過去我在兩岸都從事機構研發設計，老公跟我都是工程師，我們倆工作常需外派到兩岸三地，後來生了孩子，我為了家庭，也就離開職場。

　　其實在我小的時候，家境原本還算不錯，但就在我國小三年級，父親的公司突然被掏空，一夕之間家道中落，所以國中畢業後我不得不放棄學業，開始幫忙分擔家計，當時我只想著趕快賺錢，讓爸媽不再為錢煩惱。所幸，後來不斷受到公司前輩們的鼓勵，因此透過自學，考上了大安高工，生活漸漸地步上軌道。

　　婚後，跟先生的收入加起來我們已有在台北置產的能力，生活還過得去，後來我因為生了孩子離開職場，長達五年的時間做家庭主婦，天天枯坐在家，加上那時性格不喜社交，跟朋友之間漸行漸遠，還挺像個怨婦，這樣的性格，我從來沒想過自己會進遠雄做業務，還得到了不錯的成績。

附錄

### ●一場小小契機改變人生

改變，只有靠學習，經朋友的提議下，我趁著做月子休息的期間讀書考取證照，但那時即使有了證照，我還是沒有想去做保險。

就在某天，看到遠雄舉辦有關房地產節稅的講座，平時自己就會注意不動產相關的資訊，所以非常有興趣，沒想到一個小小的契機一個活動講座，就讓我認識了生命中的貴人——阿旺教練。

其實這場講座因為照顧女兒的關係，我只聽了後面短短五分鐘的時間，為了日後還能有諮詢的機會，我跟阿旺教練要了聯絡方式，好方便與他聯繫。

現在想起來還是覺得很有趣，或許阿旺教練當時是看到我認真積極的態度，諮詢的過程中，阿旺教練說：「既然妳自己對稅務有興趣，還有保險相關證照，要不要加入我們的團隊？」

從小我覺得自己不是一個很聰明、反應很快的人，所以也造就我的性格，做事總是比一般人還來得認真努力，當下聽到阿旺教練這麼問，心裡很詫異，我說：「阿旺教練不行啦！我沒什麼業務經驗，現在也沒什麼跟朋友聯絡，可能沒辦法。」

我很謝謝當時阿旺教練沒有放棄，日後還是不斷

的邀約，所以後來我想想，也為自己的生活做一個改變吧！

雖然我常說自己很笨，但就連我這樣不夠聰明的人，憑藉著「聽話照做」複製成功者的方法，讓我在進入遠雄的第一年，年收入就達160多萬，那年是疫情爆發的2020年，不僅如此我還懷孕在身，中間請三個月的產假，沒想到，在這樣的條件下，我還拿到了全國第二名的好成績。隔年2021年，年收入更超過了200萬元，超級開心！

●唯有狠勁與拚勁，才能心想事成

保險有兩個市場，一個是醫療，一個是資產稅務，真的不是因為我變得厲害，而是站對了資產稅務的市場，加上阿旺教練的領導，我才能有今天這樣的收入。

現在的我進入遠雄已經兩年多的時間，很謝謝當初勇敢做出決定的自己，更感謝當初帶領我進入遠雄事業的阿旺教練。

在這裡不僅賺到錢、賺到時間、賺到自由，更棒的是我有更多的時間可以陪伴我的家人、我的朋友，當然在這過程中也會碰到很多的挫折，都是需要靠自己克服的，成功的路並不擁擠，因為堅持的人不多。

就算沒人脈，也沒有聰明的腦袋，但我相信只要努

力，還是可以成功改變自己人生。

如果你對你的生活不滿意，那就改變吧！如果你對你的工作不滿意，那就改變吧！大家都說看到我的轉變很大：「仟億！你現在會講話了耶！」我笑著答：「難道我以前是啞巴嗎？」以前的我不擅長跟其他人聊天交談，到現在卻能站上講台侃侃而談，我也很開心我能有這樣的改變及突破。

曾在網路上看到一段我非常喜歡的文字：「我對我愛的東西都很拚，並全力以赴，大概就是這樣的狠勁與拚勁，才能最後都心想事成！」從一名怨婦變成業務，我相信在未來在遠雄我只會愈來愈好。

我現在很快樂，我做我喜歡的事業，我掌握幸福的人生。

## 成功分享4

# 人生不設限，相信自己，你也可以

李冠慧（過去資歷：食品業代表）

受薪時期的我，每到周一，有Monday Blue很尋常。現在的我，反而不會有太多情緒，會聚焦在當日的待辦事項，思考該用什麼方式最有效率地完成任務。這是在加入旺旺團隊前，所相對缺乏的積極態度。

### ●敲開二度創業的機會

認識邢老師前（以下簡稱阿旺教練），我自認為負責任的上班族，出社會也已十三年。從外貿協會的國際企業人才培訓中心畢業後，即進日本總合商社從事大宗物資的業務。由於公司大、穩，核心職員個個都待2、30年以上，大家工作著重穩健獲利甚過冒險變革。讓肯拼想衝的我，默默尋求其他求新求變的環境。當時產業下游的顧客，伸出友誼的手，自然地便轉入國內的盤商服務。

期間從事海外選品、代理、品牌定位與業務經營，從企業用戶（B to B）再往下經營至終端消費者。最後，由於受僱性質的型態，難以滿足我對職涯的想像。著手創業，從清邁進口蜂蜜，至中國內地推廣。可惜市場價

格競爭激烈,種種條件不俱足,我創業受挫重返受薪行列。

就在那樣的關鍵時期,很幸運地,遇見了阿旺教練。

當時,我想買法拍屋,想了解房地產稅務。那堂課的講師正是阿旺教練。在課後諮詢中,阿旺教練親切的引導下,我敞開心房與他對話。言談間他順口關心起我的財務狀況,發現我阮囊羞澀,便順勢建議,理財首重開源。開源比較實際,可考慮加入他的團隊,提升基本收入。當時靈光一閃,也許眼前的陌生人,提供的正是我二度創業的機會。

後來我就真的成了旺旺創業團隊的第一位夥伴。

●團隊誠心的互助,是創業成功的基石

彼時阿旺教練在為自己房地產的事業,做稅務諮詢的加值服務,在他的平台,不僅努力跟報酬成正比,還更能兼顧家庭與私人生活的品質。

上班半天、月入10萬,在他的輔導下,只要認真努力,年收1、200萬沒有問題。而言談間他不經意地透露了自己的資產,我也大大地感到震撼。

他的年紀和我相當,當我還在傳統職場打拚,花個幾年才能由4、5萬月薪爬到7、8萬月薪,且隨著薪水愈高,時間都賣給公司。但是,阿旺教練月薪已晉升百

萬，擁有5間房子、名下股票也數百萬。怎麼同樣年紀，收入會差那麼多？阿旺教練也不吝分享，我也可以選擇我要的人生，在他的平台，過往學經歷不重要，有沒有企圖心比較重要。而且他強調，我絕不會孤軍奮戰，創業要有團隊才是關鍵。

隨著旺旺團隊逐漸壯大，團隊魅力也真的無法擋。團隊裡非常重視基本功，把基本功做好，大家共好才能成功。

在平台不是上班的概念，而是創業的概念。就好比總店跟分店，旺旺團隊是總部，總部要夠健全，分店才能茁壯，而把總部做好，是大家的責任，人人都學好基本功，懂得瞄準有效市場的技術，懂得產出解決顧客問題的方案，並且團隊夥伴間能誠心的互助，才是創業成功的基石。

● **天道酬勤，你也可以**

我真是迫不及待，希望你也能親身感受我們團隊的氛圍，這裡是正向的天堂，有著正能量的氣場，人人都是啦啦隊成員，總是適時地為夥伴提供助力及鼓勵。有良好的紀律，也是溫暖的基地，日日朝氣蓬勃。

而我也期許自己當一顆恆星，而非流星。任何時候夥伴有需要，我們都能在那裏發光引路。不強調爆發

附錄

力，講究續航力，事業的經營要能長長久久，才是興盛繁榮的王道。

以星際比喻，我們每位夥伴都可以在旺旺宇宙，發光發熱。

而我誠摯地感恩我們的旺旺團隊長，以及提供各種協助的前輩們。

宇宙間的運行必然有自古不敗的法則，我崇尚法則，也戮力遵循。


天道酬勤。

以此與讀者共勉：「人生不設限。相信自己，你也可以。」

# notes

你的能力，超乎你的想像！
如果你是千里馬，你需要伯樂；
如果你不是千里馬，你可以來
當伯樂！

共勉之

【邢益旺富裕人生系列】

# 千萬教練團隊攻略
## ──打造千萬團隊的 **30** 個密技

作　　　　者／邢益旺
文 字 編 輯／蔡明憲
執 行 編 輯／李寶怡
封面及版型設計／廖又頤
美 術 編 輯／廖鳳如
企 畫 選 書 人／賈俊國
總 　 編 　 輯／賈俊國
副 總 編 輯／蘇士尹
編　　　　輯／高懿萩
行 銷 企 畫／張莉滎、蕭羽猜、黃欣
發 　 行 　 人／何飛鵬
法 律 顧 問／元禾法律事務所王子文律師
出　　　　版／布克文化出版事業部
　　　　　　　台北市中山區民生東路二段 141 號 8 樓
　　　　　　　電話：(02)2500-7008 傳真：(02)2502-7676
　　　　　　　Email：sbooker.service@cite.com.tw
發 　 　 　 行／英屬蓋曼群島商家庭傳媒股份有限公司城邦分公司
　　　　　　　台北市中山區民生東路二段 141 號 2 樓
　　　　　　　書虫客服服務專線：(02)2500-7718；2500-7719
　　　　　　　24 小時傳真專線：(02)2500-1990；2500-1991
　　　　　　　劃撥帳號：19863813；戶名：書虫股份有限公司
　　　　　　　讀者服務信箱：service@readingclub.com.tw
香 港 發 行 所／城邦(香港)出版集團有限公司
　　　　　　　香港灣仔駱克道 193 號東超商業中心 1 樓
　　　　　　　電話：+852-2508-6231 傳真：+852-2578-9337
　　　　　　　Email：hkcite@biznetvigator.com
馬 新 發 行 所／城邦(馬新)出版集團 Cité (M) Sdn. Bhd.
　　　　　　　41, Jalan Radin Anum, Bandar Baru Sri Petaling,
　　　　　　　57000 Kuala Lumpur, Malaysia
　　　　　　　電話：+603- 9057-8822 傳真：+603- 9057-6622
　　　　　　　Email: cite@cite.com.my
印　　　　刷／韋懋實業有限公司
初　　　　版／2022 年 12 月
定　　　　價／新台幣 380 元
Ｉ Ｓ Ｂ Ｎ／978-626-7256-16-9 （平裝）
Ｅ Ｉ Ｓ Ｂ Ｎ／978-626-7126-98-1(EPUB)

城邦讀書花園　布克文化
www.cite.com.tw　WWW.SBOOKER.COM.TW